海洋石油作业安全培训教材

直升机甲板接机员培训教材

中海油安全技术服务有限公司
中信海洋直升机股份有限公司 组织编写
主 编:杨东棹 张洪军 宁志和

内容简介

本书是《海洋石油作业安全培训教材》丛书的一个分册，分 11 章介绍了直升机甲板概述与接机培训规范要求，直升机甲板接机人员岗位与职责，直升机飞行原理与机型，直升机甲板运行，直升机甲板检查，直升机的货物（行李）装卸，直升机通信与联络，直升机危险品安全运输，直升机加油，直升机甲板运行事故与不安全事件，直升机甲板应急管理。本书可供直升机甲板接机人员培训使用，也可供相关单位负责人和安全管理人员工作参考。

图书在版编目(CIP)数据

直升机甲板接机员培训教材/杨东棹，张洪军，宁志和主编．--北京：气象出版社，2019.10

ISBN 978-7-5029-7071-0

Ⅰ.①直…　Ⅱ.①杨…　②张…　③宁…　Ⅲ.①海上油气田-直升机-飞行安全-安全培训-教材　Ⅳ.①TE58

中国版本图书馆 CIP 数据核字(2019)第 226133 号

Zhishengji Jiaban Jiejiyuan Peixun Jiaocai

直升机甲板接机员培训教材

出版发行：气象出版社
地　　址：北京市海淀区中关村南大街 46 号　　邮政编码：100081
电　　话：010-68407112(总编室)　010-68408042(发行部)
网　　址：http://www.qxcbs.com　　E-mail：qxcbs@cma.gov.cn
责任编辑：彭淑凡　　终　　审：吴晓鹏
责任校对：王丽梅　　责任技编：赵相宁
封面设计：楠竹文化
印　　刷：三河市君旺印务有限公司
开　　本：710 mm×1000 mm　1/16　　印　　张：11.5
字　　数：206 千字
版　　次：2019 年 10 月第 1 版　　印　　次：2019 年 10 月第 1 次印刷
定　　价：42.00 元

编审委员会

前言

直升机甲板接机员培训在国内外海洋石油行业越来越受到重视，也越来越规范。国内海上石油直升机甲板接机培训由于受众群体固定、业务范围比较窄，培训业务没有形成统一的规范，同时，甲板接机培训体系也不是很成熟，每一家直升机操作公司都是按照最基本的安全要求对乘客或接机人员进行一个初始安全培训。随着海上飞行作业日益增多，直升机甲板接机过程中发生了许多不安全事件，存在许多安全隐患。随着民航和海油乃至国家对安全生产工作的日益重视，“安全隐患零容忍”引入到各生产作业系统，因此中国海洋石油集团有限公司（简称中国海油或中海油）率先从深圳地区开始，将直升机甲板接机员培训列入中海油安全培训计划系列。通过实践和数据统计分析发现，持续多年的直升机甲板接机员的培训效果良好，不但保证了接机方面的安全，同时也提高了接机工作效率。

为了更好地提高海上接机人员素质，减少接机过程中出现的不安全事件，实现“以人为本”的安全理念和“安全第一、预防为主、综合治理”的工作方针，很有必要梳理规范培训教材统一标准，填补无规范培训教材的空缺，以满足行业法规变更、新技术设备应用的要求，提高培训质量，满足生产安全对人力资源的需求，结合多年来的实际培训经验，借鉴国际海洋石油工业培训组织（OPITO）的培训课程相关内容，来自中国海油、中信海洋直升机股份有限公司（简称中信海直）的安全与应急、直升机飞行运行、直升机维修等专业人员共同完成了本书的编写工作。

本书的知识点是严格按照中国民航规章、英航规章以及 OPITO 直升机甲板操作手册的相关要求进行选择的，本书具有系统性、权威性、实用性等特点，着重突出了海上直升机甲板接机人员应遵循的基本安全规范、接机方面的标准操作程序、直升机甲板检查、直升机加油以及直升机通信联络等具体情况，简要地介绍了在直升机发生应急特情的典型案例以及发生后如何进行处置等内容。本书中使用的海上平台以及直升机相关图片大多数是现场拍照图片。

在编写的过程中，采集并分析了某一直升机运营公司近5年的海上平台接机不安全事件，得出直升机甲板运行时最易发生各类不安全事件的情况，同时，结合直升机甲板培训教员多年的培训经验，针对海上平台的员工对直升机甲板接机员培训内容的接受性与实用性的角度进行编写。本书侧重实用性和针对性，理论与实践相结合。改变传统的以文字叙述为主的形式，采用图文并茂、与真实案例相结合的形式进行编写。

本书内容分为11章。第1章为直升机甲板概述与接机培训规范要求，第2章为直升机甲板接机人员岗位与职责，第3章为直升机飞行原理与机型，第4章为直升机甲板运行，第5章为直升机甲板检查，第6章为直升机的货物(行李)装卸，第7章为直升机通信与联络，第8章为直升机危险品安全运输，第9章为直升机加油，第10章为直升机甲板运行事故与不安全事件，第11章为直升机甲板应急管理。

本书由杨东棹、张洪军、宁志和担任主编，协助编写人员有何泉、武晓玉、吴宁宇等，技术审核由中国海油和中信海直相关专业人员完成。全书由任登涛、焦权声统审。

对本书编写过程中参考的资料、法律规章在“附录”和“参考文献”中尽量列举。在此，对本书中付出艰辛劳动的编写组成员，对中国民航局方人员、民航院校专家以及中国海油与中信海直的相关人员提出的宝贵建议给予诚挚的感谢，并向出版本书的出版社致谢。

本书属于安全技术类范畴，涉及海洋石油、通用航空两大行业，涉及飞行运行、机务、航务、安全与应急等相关专业。由于编者水平有限，错误和疏漏在所难免，恳请读者批评指正，以便今后更好地修订完善。

编　者

2019年7月

目　　录

第1章　直升机甲板概述与接机培训规范要求

旋翼机水上平台，是指海上漂浮或者固定的建筑物上供旋翼机降落和起飞的场地，包括水上移动平台、移动钻井平台、移动采油平台、自升式采油平台、柱稳式平台（即半潜式平台和坐底式平台）、水面式平台（即船式平台和驳式平台）等，俗称旋翼机甲板。

旋翼机水上平台的规格、设施、标准和运行条件，应当经民航局或者其授权的机构审查批准，未经批准的旋翼机水上平台不得投入使用。

供旋翼机降落、起飞的旋翼机甲板及障碍物扇形区应当符合下列条件：

（1）旋翼机甲板只能设在210°抵/离扇区内。

（2）旋翼机甲板210°扇区的180°范围内，甲板边缘至水面5：1的斜坡以外，不允许有固定障碍物。

由于执行海上平台飞行作业运输的是直升机，为便于理解和使用，结合国际惯例和习惯称谓，本书中统称直升机水上平台，俗称直升机甲板。

1.1　直升机甲板概述

1.1.1　直升机甲板设施设备及分类

（1）直升机场分类

①地面永久直升机场；

②地面临时直升机起降场；

③高架直升机起降平台；

④水上直升机甲板。

由此可以看出，水上直升机甲板属于直升机场范畴，因此，直升机甲板上的某些设施设备与直升机场中的相对应。

(2)常用直升机甲板分类

①船(平台)首直升机甲板;

②船中间直升机甲板;

③船(平台)侧边直升机甲板。

1.1.2 海洋石油常用设施设备(图1-1~图1-6)

图1-1 油轮(FPSO)和守护船

图1-2 工程船

图1-3 春晓井口平台

图1-4 钻井平台

图1-5 海上直升机甲板起飞

图1-6 海上直升机甲板着陆

1.1.3　直升机甲板设施设备标识

(1)直升机甲板标识(图 1-7)

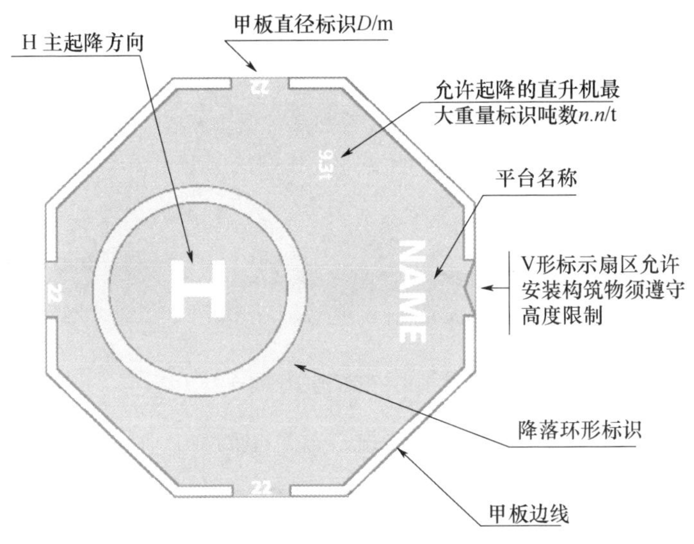

图 1-7　直升机甲板标识

(2)直升机甲板尺寸示意图(图 1-8)

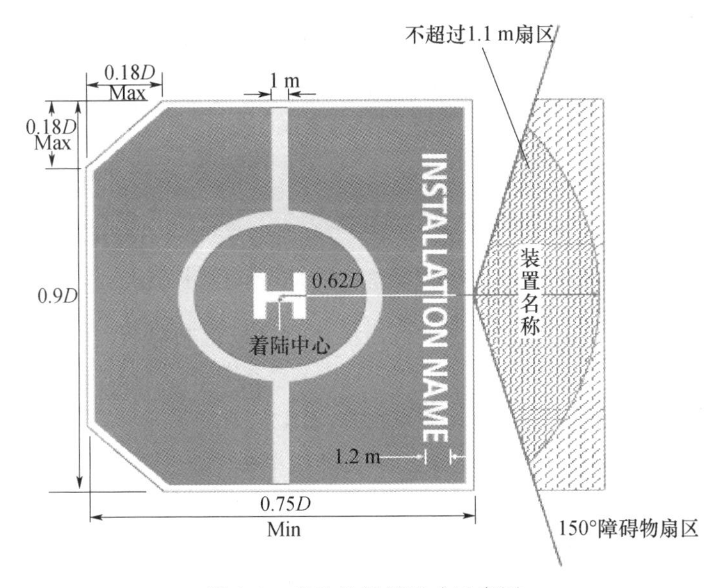

图 1-8　直升机甲板尺寸示意图

(3)甲板通道标识(图 1-9)

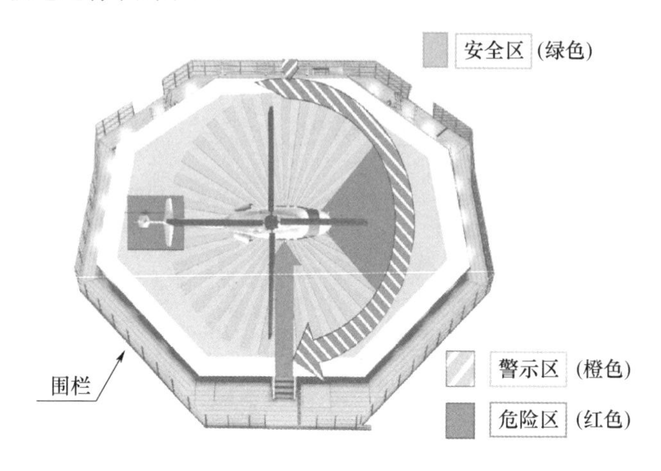

图 1-9　甲板通道标识

(4)直升机甲板禁止着陆方向标识示意图(图 1-10)

图 1-10　直升机甲板禁止着陆方向标识示意图

为了防止直升机尾桨在降落或机动操作时接近限制障碍,在甲板上要标示出禁止着陆朝向的标识,例如,直升机前机轮不能落到 150°限制障碍物扇区。

(5)直升机甲板禁止着陆标识示意图(图 1-11)

在停止使用的甲板上,用此来显示直升机甲板“关闭”状态,大小只须覆盖 TD/PM 的字符“H”即可。

(6)直升机甲板典型的布局及标识

①直升机甲板典型的布局及标识之整体(图 1-12)

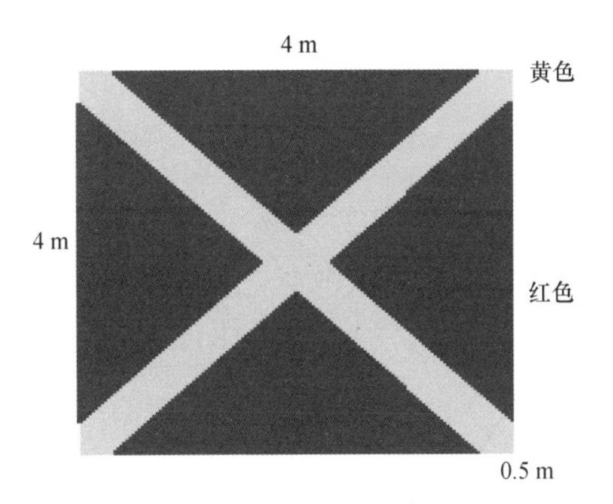

图 1-11 直升机甲板禁止着陆标识示意图

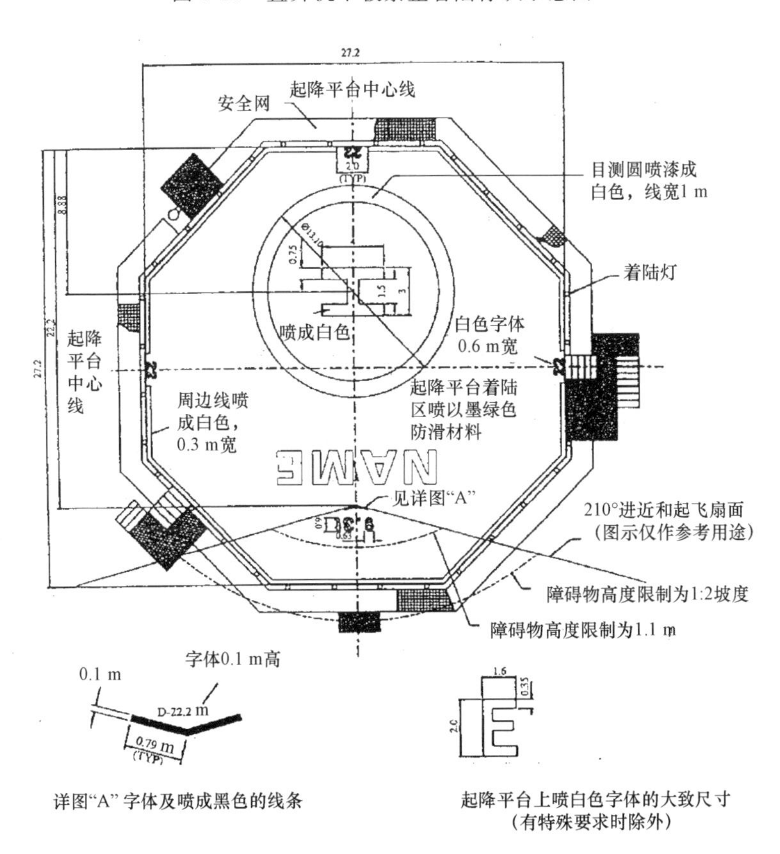

图 1-12 直升机甲板典型的布局及标识之整体

②直升机甲板典型的布局及标识之局部(图 1-13)

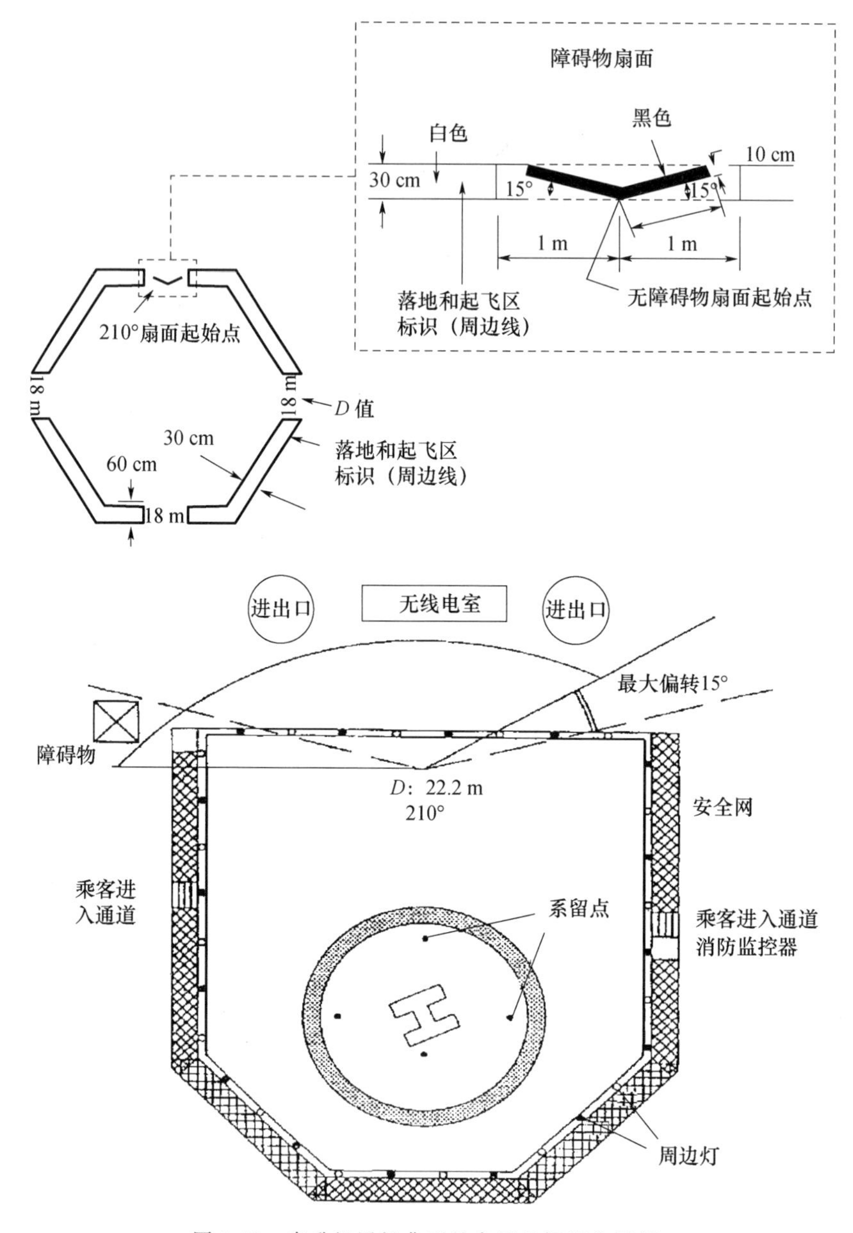

图 1-13　直升机甲板典型的布局及标识之局部

③单旋翼直升机甲板着陆区(图 1-14)

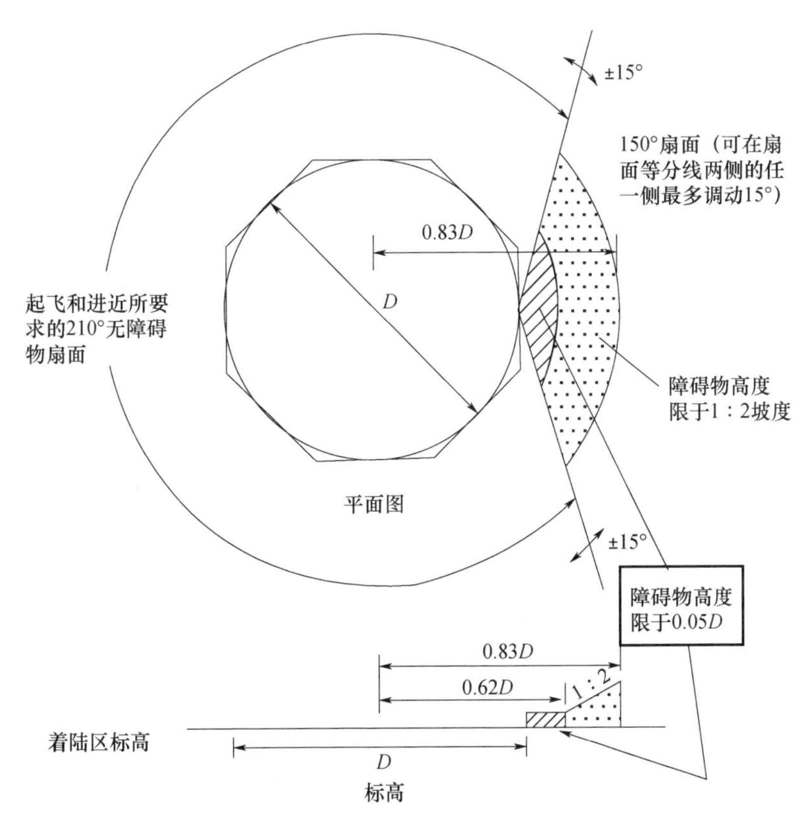

图 1-14 单旋翼直升机甲板着陆区

④甲板力矩图(图 1-15、图 1-16)

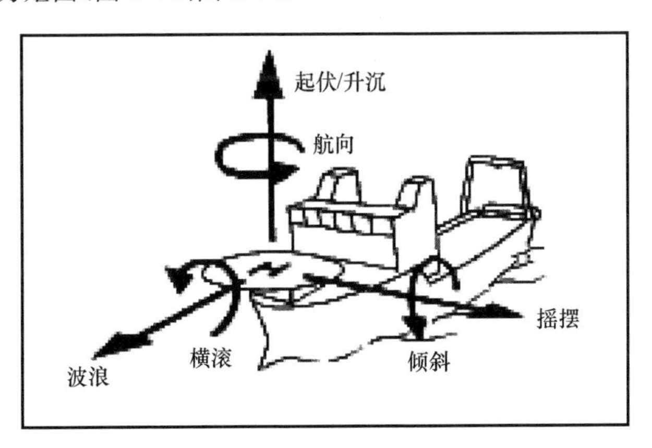

图 1-15 甲板力矩图 1

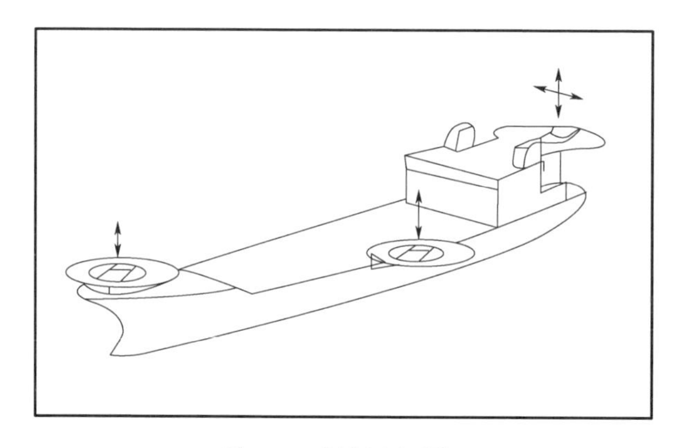

图 1-16　甲板力矩图 2

(7)直升机甲板灯光(图 1-17～图 1-20)

图 1-17　直升机甲板灯光 1

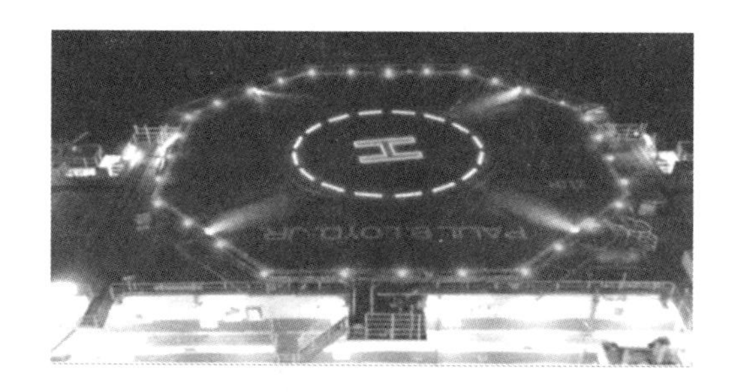

图 1-18　直升机甲板灯光 2

在着陆区外围的甲板周边上要安装从空中可视的全方位绿色边界灯,然而,这些光源在降落区的下方则不应被看到。甲板边界灯要安装在直升机甲板上,但安装高度不应超过《海上直升机着陆区技术规范》CAP 437 附录 C 第 16 段所规定的高度限制。在正方形或长方形的甲板上,每个边至少应配有 4 盏边界灯,另外还包括着陆区每个角上 1 盏灯。

图 1-19　直升机甲板灯光 3　　图 1-20　直升机甲板灯光 4

在直升机最后进近、悬停和降落过程中，为了实现能见着陆，获取足够多的目视条件是非常重要的。夜间降落时，一般多采用泛光灯照明，然而，泛光灯会减小甲板边界灯的亮度，影响直升机进入过程中的目视条件，甚至致使飞行员在悬停和降落中产生目眩和视觉消失。此外，泛光灯照明系统往往光谱不够长，不能照到直升机着陆区，导致着陆区产生所谓的“黑洞”效果。

如果海上设施可能存在对直升机或设施上工作人员造成危险的情况，就要安装一个可视警报系统。系统(状态灯)应为一盏闪烁的红灯(或灯光)，而且无论直升机从哪个方向进入，朝向哪个方位着陆都能被飞行员看到。闪烁红灯的航空含义是“不要着陆，着陆区尚未准备好”或“离开着陆区”。该系统应能在达到适当的危险级别(如气体泄漏)时自动启动，同时还可由甲板接机人员手动操控。它应在直升机开始建立目视进近时，或直升机已进入潜在危险距离的范围内保持可见。

1.2　直升机甲板接机人员培训规范要求

1.2.1　教材编写与出版

《直升机甲板接机员培训教材》主要介绍了水上直升机甲板工作人员接送直升机过程中需要遵守的相关培训内容与接机规范要求。中信海直根据直升机机型、飞行作业程序或者发生重大法规条款变化等向中国海油提出教材更新申请，定期更新。中信海直负责教材内容变化编写，中国海油负责与出版社沟通确定更新后的教材出版发行。

1.2.2 课程分类

本书培训类别主要分为 HLO 与 HDA 两类。HLO(Helicopter Landing Officer)指的是直升机甲板指挥员;HDA(Helideck Assistant)指的是接机助理人员,在 HLO 的指挥下进行接送机的相关人员。

1.2.3 培训师资

直升机甲板接机人员的培训工作属于安全技术类范畴。接机过程中涉及飞行、航务、直升机运行、危险品运输、安全与应急管理等专业,培训教员不仅承担培训教学任务,同时承担一定的安全责任。因此,必须要严格标准,符合国际、国家以及行业规范,满足民航相关要求。

培训教员分为专职教员、专业教员和助理教员。

专职教员指的是在从事直升机甲板工作人员接送机培训的过程中,能够在所有条件下(包括陆上与海上、理论与实践、答疑解惑等)对所有培训科目和课程独立完成教学的工作人员。完全理解直升机甲板培训行业标准要求。接受过培训教学和培训评估方面的技能培训。本科及以上学历,有国际或者国家承认的相关资格证书。拥有海上直升机作业的专业知识或具有与海上直升机作业有关的实际工作经验,实际工作经验不少于 10 年。教学经验 5 年以上。

专业教员指的是在从事直升机甲板工作人员接送机培训的过程中对某种直升机机型特别熟悉并且能够对直升机在甲板运行期间的所有程序良好掌握、对出现的直升机应急情况有一定的应对经验。能够完全胜任直升机甲板运行培训工作。拥有海上直升机作业的专业知识或具有与海上直升机作业有关的实际工作经验,实际工作经验不少于 6 年。本科及以上学历。3 年以上相关教学经验。原则上由飞行员担任。

助理教员指的是在从事直升机甲板工作人员接送机培训工作中,能够对专业或者专职教员在直升机甲板接送机培训工作的某一方面进行协助教学或者对某一具体科目或课程进行独立教学培训的人员。需要对直升机和海上平台有基本的了解。参加现行有效培训和发展计划,了解行业最新相关要求和变更条款。本科及以上学历。有至少两年的相关教学经验。

1.2.4 培训证书与有效期

确定采用中海油与中信海直联合用章模式的证书。有效期根据国家和中海油以及行业规范的相关要求来定。初步拟定有效期 2 年。

第2章 直升机甲板接机人员岗位与职责

2.1 岗位

本书中的直升机甲板接机人员指的是与直升机在甲板上起降飞行运行相关的工作人员。包括平台负责人、直升机甲板指挥员(HLO)、安全员、报务员、消防员、加油员、货物装卸员、安全检查员、守护船人员等。

2.2 职责

2.2.1 平台负责人(Platform (ship) person in charge)

平台负责人指的是平台(船)或海上作业现场的第一责任人。

(1)指定或任命一名胜任的人员负责控制直升机甲板的整个作业运行过程(一般情况下,该人员被称为"直升机甲板指挥员")。该人员必须在海上平台作业现场工作。

(2)平台负责人在任何时候能够知晓直升机在甲板起降的全过程,包括正常工作和应急情况。

(3)组织建立保障直升机安全运行的各种相应程序,特别是要组织编制直升机在应急特情时的应急响应程序,并要求所有接机人员熟悉,在应急情况下能够快速响应。

2.2.2 直升机甲板指挥员(Helicopter Landing Officer)

经平台(船)负责人的授权,直接管理指挥直升机在甲板上起降工作的人员。

(1)负责海上作业平台上的直升机在甲板上起降的日常管理,控制直升机起降甲板的相关作业。

(2)对于无人值守海上平台，如果有直升机飞往平台，甲板指挥员须随机前往，当直升机在甲板降落后，甲板指挥员应第一个下机立即履行指挥职责，直至直升机重新从甲板上起飞之前的一切工作就绪再随机返回陆地。

(3)负责制定登离机标准程序。

(4)负责制定货物装卸标准程序。

(5)负责制定通信联络标准程序。

(6)负责制定直升机标准加油程序。

(7)负责制定人货安全检查标准程序。

(8)负责制定直升机应急处置标准程序。

(9)负责制定吊车作业控制标准程序。

(10)负责制定接送直升机标准程序。

2.2.3 安全监督员

在直升机甲板上对乘坐直升机人员或其他工作人员的行为安全进行监督管理以及与直升机作业公司直接交流安全管理的人员。

(1)监督指导乘机人员的行为符合乘机安全规范。

(2)向直升机作业公司相关管理部门人员索要乘机安全录像、安全告示、安全通告、安全挂图等。

(3)向平台负责人报告直升机运行中的安全隐患。

(4)负责本平台与直升机作业运行相关的安全教育培训。

2.2.4 报务员

在直升机起降的整个过程中主要与飞行机组、HLO 等进行空对空对话、空对地通话，同时可以提供天气预报等的人员。

(1)当某一海上作业平台(固定式平台或移动式平台)计划接收某一直升机降落时，平台上的无线电台操作员应在计划的起飞时间之前提前 1 小时向直升机运营公司发出“天气预报”。

(2)接近该直升机的预达时间时，电台操作员应在相应频率上监听并将当前平台的天气实况、任何航路和装载要求的细节准备好，以备直升机呼叫时应答。

(3)在直升机与海上作业平台建立起通信联络后，应记录下直升机的预达时间，并通知直升机起降平台的工作人员到位准备届时接机。

(4)一旦被告知从现在起由海上作业平台进行飞行跟踪,电台操作员就负责将情报传给所有已知在该海域活动的其他飞机(即任何在其同一空中频道频率上的飞机)。电台操作员还要负责提供报警服务直至直升机机组告诉他与另一代理单位进行双向通话,该代理单位此时起负责飞行跟踪。

(5)承接飞行跟踪任务之后,在预达时间或修正后的预达时间之前5分钟,电台操作员应向直升机甲板指挥员报告以获取“平台允许降落权”并通知直升机机组“平台可以降落”。

2.2.5 消防员

对海上平台用于直升机的消防和救助设备进行检查及熟练使用并且能在涉及直升机的应急情况下做出应急响应的人员。

(1)每次直升机在海上作业平台着陆和起飞前,直升机着陆区的消防设备由胜任的消防员值守。

(2)消防员在直升机起动和加油期间要提供消防保护,起动时的主要风险将来自发动机舱。发动机起火,除非飞行员发出指示灭火,消防员不得擅自采取行动灭火。

(3)消防员除了发动机灭火经飞行员允许外,其他任何条件下都可以根据情况不同直接进行灭火。

(4)消防员要熟悉灭火设施设备的使用。对着火应急特情处置程序知晓,需要定期学习。

(5)消防员应进行消防灭火演习和训练。原则上每半年进行一次。

2.2.6 加油员

在海上平台上负责给直升机加油的工作人员。

(1)根据HLO的指令给直升机加注符合的燃油。

(2)对直升机加油程序非常熟悉(具体程序参见直升机加油程序相关章节)。

(3)学习飞行员、HLO等人在加油期间使用的手势并熟练沟通。

2.2.7 货物装卸员

在海上平台上负责从直升机上装卸行李、各种货物的工作人员。

(1)了解直升机每种机型的行李舱及其他可以装卸的位置。

(2)熟悉货物的大小、形状和重量对直升机装载的影响。

(3)知晓哪些物品和行李为违禁品或者危险品。

(4)了解直升机运营公司货物运输的总政策。

(5)熟悉每种直升机机型的物品、货物的装卸程序。

2.2.8 安全检查员

在海上平台上负责对装上直升机的行李、货物进行安全检查与称重的工作人员。

(1)对即将装上直升机的行李、物品进行安全检查,确保违禁品、危险品等禁止装上直升机。

(2)组织乘坐直升机返回陆上的乘客观看安全录像并签字确认。

(3)对货物和人员等进行称重。

(4)保证平台上的磅秤年检并符合要求。

2.3 直升机甲板作业人员构成与人数配比

2.3.1 人员构成

直升机甲板作业人员除了上述在甲板上直接参与接送机的工作人员外,还包括值守守护船的人员。由于值守守护船的人员在日常接机过程中不直接参与相关工作,本书中不加以详细阐述(具体参见甲板应急培训内容)。直升机甲板作业人员构成见图2-1。

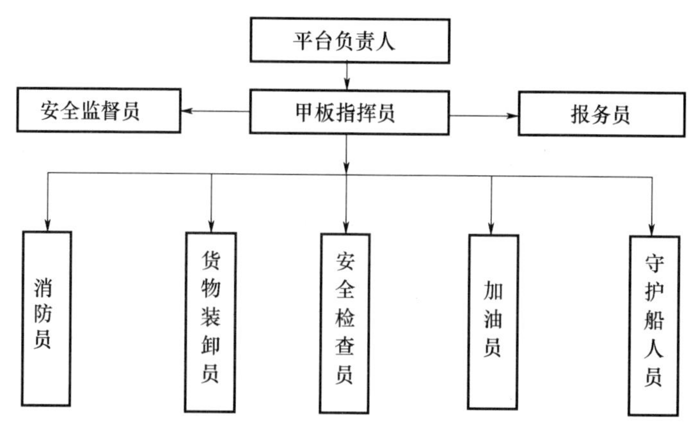

图2-1 直升机甲板作业人员构成

2.3.2　人数配比

本书给出的人数配比是建议性的，不具有强制性。每个作业平台均可根据实际工作需要进行调整。平台负责人1名，甲板指挥员1名，报务员1名，安全监督员1名。消防员2名，货物装卸员2名，加油员2名，安全检查员1名，守护船人员若干。

第3章　直升机飞行原理与机型

3.1　直升机飞行原理

直升机飞行原理涉及空气动力学、飞行力学以及机械构造等很多方面的知识，作为一种特殊的飞行器，直升机的升力和推力均通过主旋翼的旋转获得，这就决定了其动力和操作系统必然与各类固定机翼飞机有所不同。

一般固定翼飞机的飞行原理从根本上说是对各部位机翼的状态进行调节，在机身周围制造气压差而完成各类飞行动作，并且其发动机只能提供向前的推力。而直升机是依靠主旋翼与尾桨在水平和垂直方向上对机身提供升力，这使其不需要普通飞机那样的巨大机翼，二者的区别可以说是显而易见的。

下面我们初步了解一下直升机飞行的一些基本原理。

3.1.1　拉力的产生

直升机在地面停放时旋翼的桨叶会因为自身重量的作用呈自然下垂状态。直升机飞行时，旋翼不断旋转，空气流过桨叶上表面，流管变细，流速加快，压力减小；空气流过桨叶下表面时，流管变粗，流速变慢，压力增大。这样桨叶的上下表面就形成了压力差，桨叶上产生一个向上的拉力，也就是升力(图 3-1)。拉力大小受到很多方面影响，比如桨叶与气流相遇时的角度、空气密度、桨叶的大小和形状，还有和气流的相对速度等。各桨叶拉力之和就是旋翼的拉力。

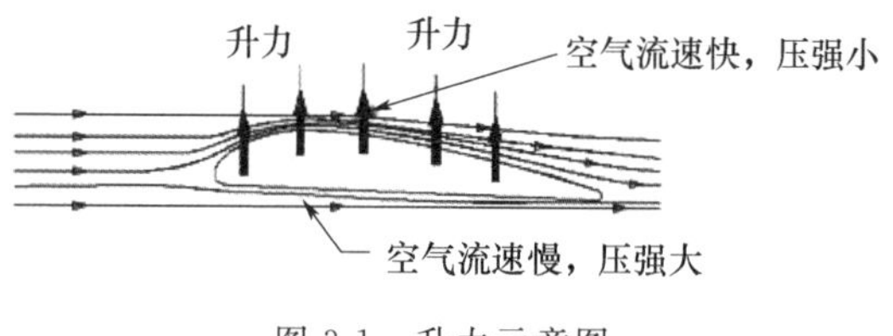

图 3-1　升力示意图

直升机飞行时，旋翼的桨叶会形成一个带有一定锥度的底面朝上的大锥体，将其称为旋翼椎体。旋翼的拉力垂直于旋翼椎体的底面，当向上的拉力大于直升机自重，直升机就上升；小于直升机自重，直升机就下降；刚好相等，直升机就悬停。

通过控制旋翼椎体向前后左右各方向的倾斜，就可以改变旋翼拉力的方向，从而实现直升机向不同方向飞行。如图 3-2 和图 3-3 所示。

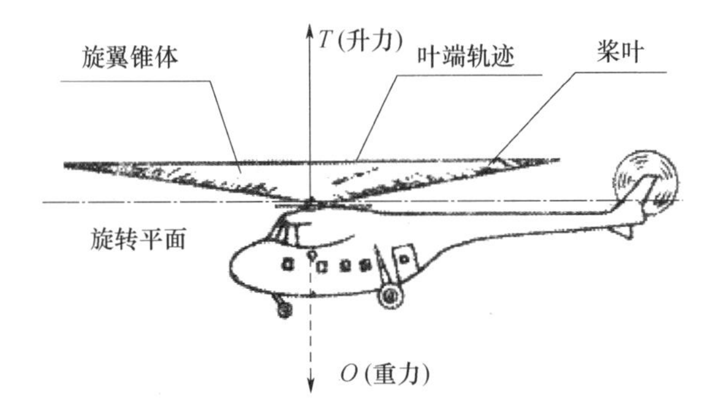

图 3-2　旋翼锥体上升阶段示意图

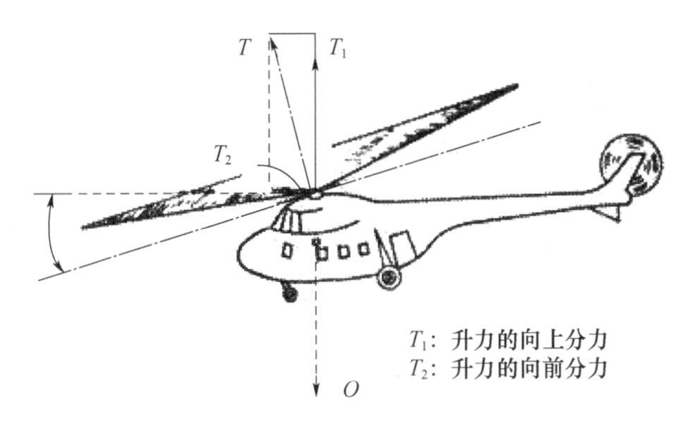

图 3-3　旋翼锥体前飞阶段示意图

3.1.2　“恼人”的反作用力矩——扭转力

牛顿第三定律告诉我们“相互作用的两个物体之间的作用力和反作用力总是大小相等，方向相反，作用在同一条直线上”。所以当直升机驱动旋翼旋转时，旋翼也必然会对直升机产生一个反作用力矩（图 3-4、图 3-5），如果只有一个旋翼，没有其他措施，直升机机体会进入“不由自主”的旋转。

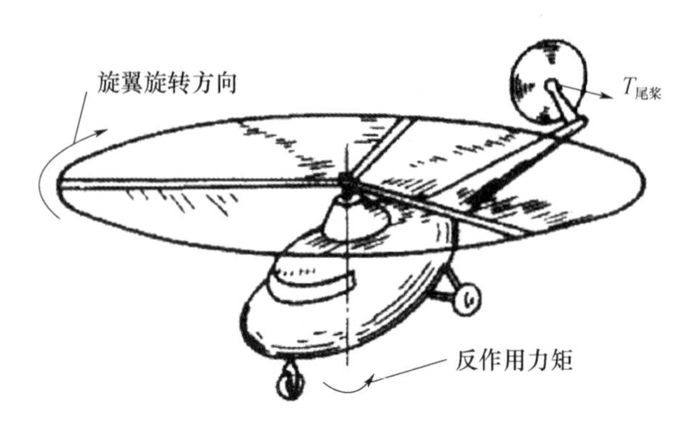

图 3-4　反作用力矩示意图 1

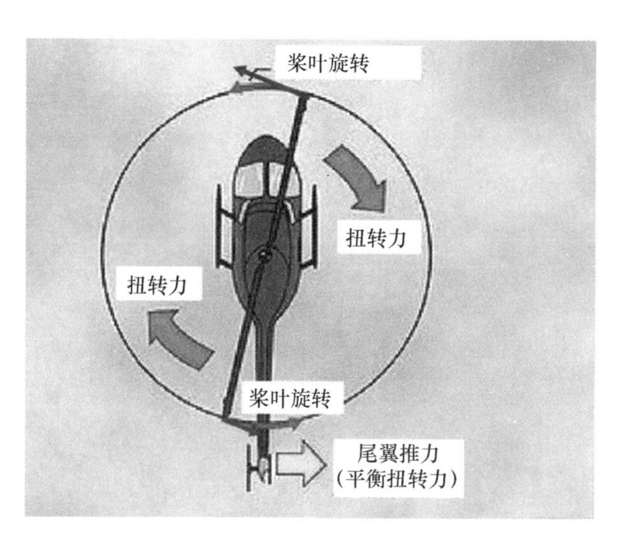

图 3-5　反作用力矩示意图 2

为此设计者想了很多控制反作用力矩的方法，比如按照左右并排、前后纵列、上下共轴、交叉互切等布局给直升机装上两个大小相等、旋转方向相反的旋翼来抵消相互的反作用力矩，再比如用喷气引射和主旋翼下洗气流的有利交互作用抵消反作用力矩，但是最简单的还是在机尾装一个垂直旋转的小旋翼，称之为尾桨，通过或“拉”或“推”的方式抵消反作用力矩，这也是现代大多数直升机普遍采取的方式。海上运行的直升机均是这种单旋翼带尾桨的直升机。

通过控制尾桨“拉力”或“推力”的大小，可以达到使直升机偏转的目的，从而实现直升机的转向。

3.1.3　操纵机构

前面提到通过控制旋翼和尾桨就可以实现使直升机上升、下降、悬停、前飞、侧飞以及转弯等，因此实际上直升机的操纵机构主要是针对旋翼和尾桨的。直升机的主要操纵机构包括驾驶杆（又称周期变距杆）、总距杆、脚蹬等，如图3-6所示。

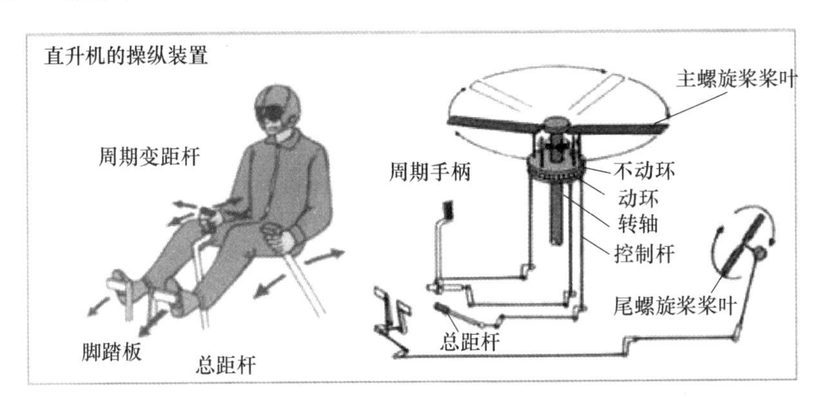

图3-6　操纵机构示意图

驾驶杆位于驾驶员座椅前面，通过操纵线系与自动倾斜器连接，通过自动倾斜器来实现对旋翼椎体倾斜方向的控制。

总距杆通常位于驾驶员座椅的左方，由驾驶员左手操纵，通过操纵线系与自动倾斜器连接，通过自动倾斜器来控制所有桨叶的迎角，实现桨叶变距，从而改变旋翼升力的大小。有的总距操纵杆的手柄上设置旋转式油门操纵机构，用来调节发动机油门的大小，使发动机输出功率与旋翼桨叶变距后的旋翼需用功率相适应；有的总距杆上则集成了发动机功率控制器，可根据旋翼桨叶变距情况自动对发动机的输出功率进行调整；因此，总距杆又被称为总距油门杆（图3-7）。

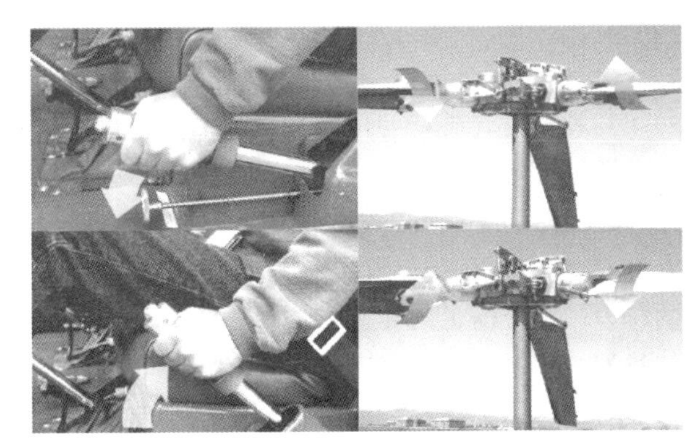

图3-7　总距油门杆

总距油门杆：提放总距杆及调节油门杆，完成旋翼总桨距大小和发动机功率的交联控制，以实现直升机的高度控制及对发动机功率的协调。

自动倾斜器（图3-8）是实现驾驶杆和总距杆操纵的重要部件，由两个主要零件组成：一个不旋转环和一个旋转环。不旋转环安装在旋翼轴上，并通过操纵线系与驾驶杆和总距杆相连。它能够向任意方向倾斜，也能沿旋翼轴上下垂直移动，但是不能转动。旋转环通过轴承被安装在不旋转环上，通过拉杆与变距铰（轴向铰）相连，不但能够同旋翼轴一起旋转，而且能够作为一个单元体随不旋转环同时倾斜和沿旋转轴上下垂直移动。

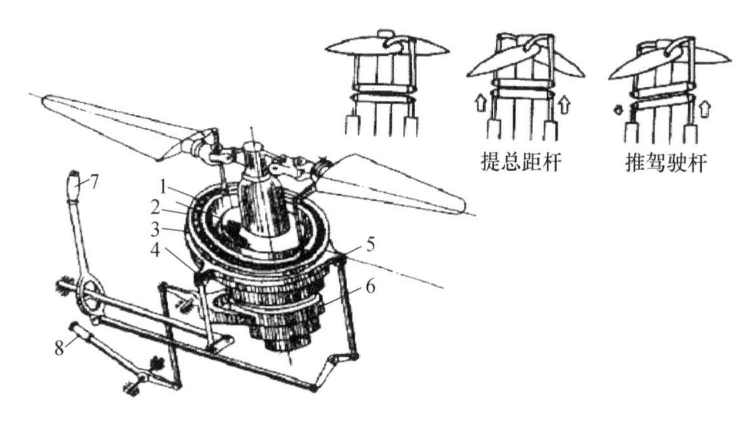

图 3-8　自动倾斜器构造简图

1. 旋转环；2. 不旋转环；3. 套环；4、5. 操纵拉杆；6. 滑筒；7. 直升机驾驶杆；8. 油门变距杆

3.1.4　操纵的实现

（1）通过操纵周期变距杆改变机体方向

驾驶员对驾驶杆的横向和纵向操纵通过操纵线系或液压助力装置使自动倾斜器的旋转环和不旋转环一起向相应的方向倾斜。由于旋转环同桨叶的变距铰之间有固定长度的拉杆相连，所以自动倾斜器的倾斜会导致桨叶的桨距发生周期变化，使得旋翼空气动力不对称，旋翼椎体将向相应方向倾斜，旋翼的拉力矢量方向也向相应方向倾斜，这样就达到操纵直升机横向和纵向飞行的目的。如果驾驶杆偏离中立位置向前，旋翼椎体向前倾斜，直升机低头并向前运动；向后，旋翼椎体向后倾斜，直升机抬头并向后退；向左，旋翼椎体向左倾斜，直升机向左倾斜并向左侧运动；向右，旋翼椎体向右倾斜，直升机向右倾斜并向右侧运动。如图3-9所示。

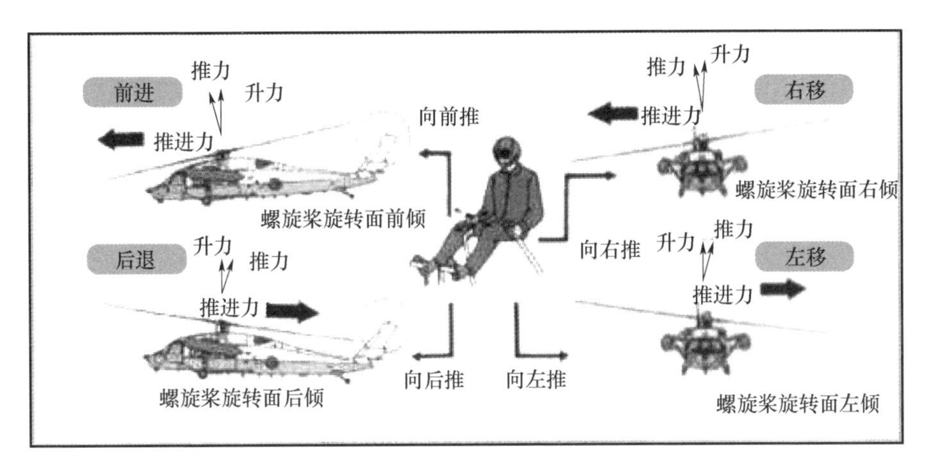

图 3-9 通过操纵周期变距杆改变机体方向

(2)通过操纵总距杆实现直升机上升、下降

驾驶员对总距杆上提和下放的操纵通过操纵线系使自动倾斜器的旋转环和不旋转环一起沿着旋翼轴向上或向下移动。同样由于旋转环同桨叶的变距铰之间有固定长度的拉杆相连,所以自动倾斜器的上下移动会导致桨叶的桨距增大或减小,使得旋翼的升力增加或减小。简单来说,上提总距杆,桨叶的桨距和发动机输出功率增加,旋翼升力增加,直升机上升;下放总距杆,桨叶的桨距和发动机输出功率减小,旋翼升力减小,直升机下降。如图 3-10 所示。

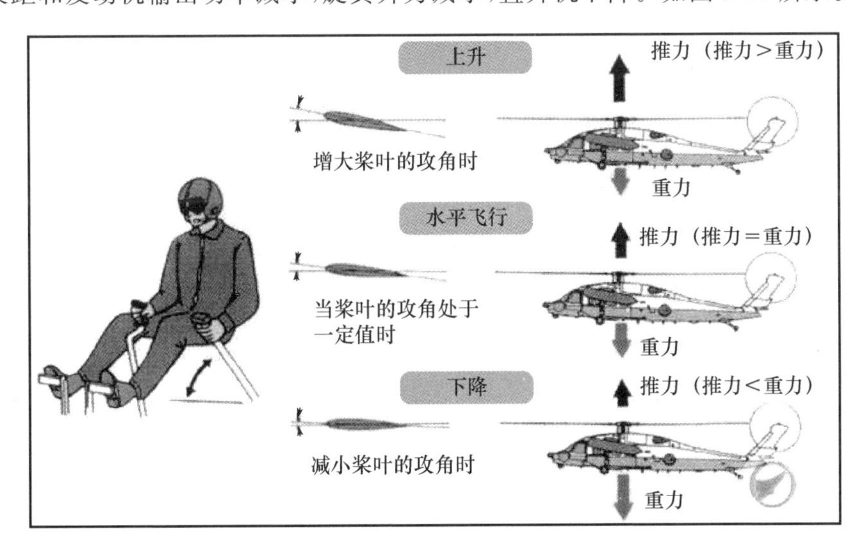

图 3-10 利用操纵杆操纵直升机上升、下降

(3)操纵脚踏板实现机头左右移动

脚蹬位于驾驶员座椅前下方,由驾驶员双脚操纵,通过操纵线系与尾桨连接,实现对尾桨的变距,控制尾桨桨叶的桨距,改变尾桨的“拉力”或“推力”。尾桨的构造同旋翼相似,不过比旋翼要简单得多,既没有自动倾斜器,也不存在周期变距问题。一般来说,蹬某一侧脚蹬,直升机机头就会向该侧偏转。如图 3-11 所示。

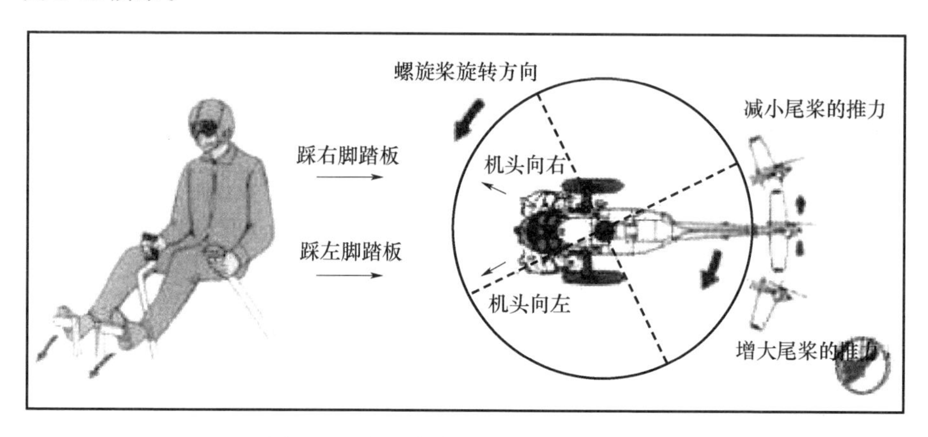

图 3-11　操纵脚踏板实现机头左右移动

3.2　直升机机型介绍

甲板工作人员对直升机机型有个大致的了解,对保障接送机过程中安全运行十分必要,这在安全培训的效果和甲板工作人员实践工作经验中都已经被有效证明。直升机主要包括超美洲豹 AS332、EC225、EC155、S-92、S-76C++、AW139 等机型。

3.2.1　AS332L1

AS332L1 型直升机(图 3-12、图 3-13)是欧洲直升机公司生产的超美洲豹家族技术先进的中型直升机,具备安全性和舒适性高、飞行速度快、客舱空间大等优点,主要用于海上石油平台运输及载客飞行等任务。

采用透博梅卡发动机厂家生产的 Makila 1A1 双发动机,可满足多种飞行任务。

AS332L1 机型主要参数如表 3-1 所示。

图 3-12　AS332L1 机型

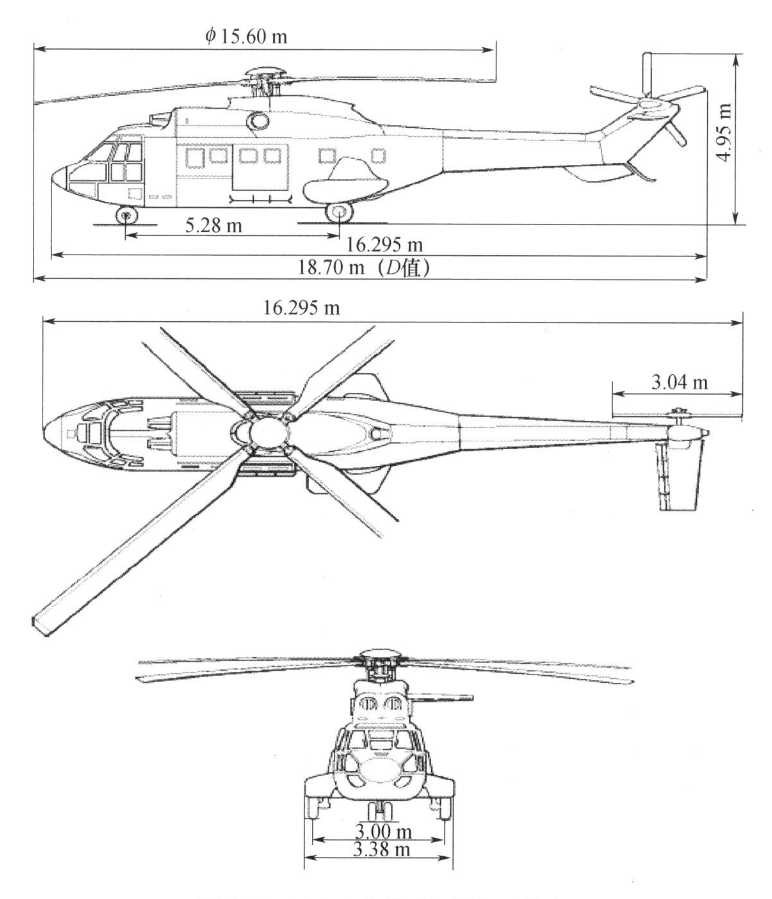

图 3-13　AS332L1 机型三视图和尺寸

表 3-1　AS332L1 机型主要参数

飞机最大起飞重量	8600 kg
飞机基本空机重量	4510 kg
有效配载	4090 kg
乘客数量	19 人
最大飞行高度	6000 m
最大速度(不可逾越速度)	278 km/h(150 节)
最大巡航速度(最大连续功率)	262 km/h(141 节)
最大航程(标准油箱)	841 km

3.2.2　EC225LP

EC225LP 型直升机(图 3-14、图 3-15)是欧洲直升机公司生产的符合最新 JAR29 要求的中大型直升机,具备速度快、航程远、载荷重、空间大、低振动、维修可靠性高等优点。

图 3-14　EC225LP 机型

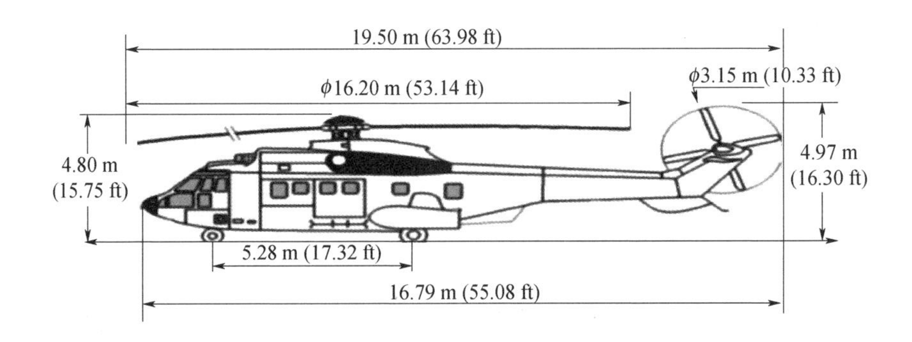

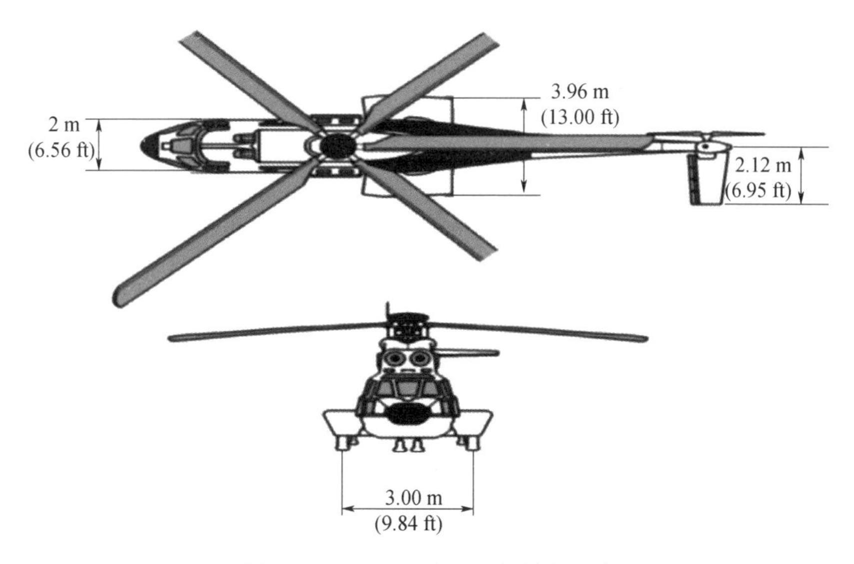

图 3-15 EC225LP 机型三视图和尺寸

采用的是透博梅卡发动机厂家生产的 Makila 2A1 双发动机、电子显示屏幕等,可满足多种飞行任务。

EC225LP 机型主要参数如表 3-2 所示。

表 3-2 EC225LP 机型主要参数

飞机最大起飞重量	11000 kg
飞机基本空机重量	5460 kg
有效配载	5540 kg
乘客数量	19 人
最大飞行高度	6000 m
最大速度(不可逾越速度)	324 km/h(175 节)
最大巡航速度(最大连续功率)	262 km/h(141 节)
最大航程(标准油箱)	838 km

3.2.3 EC155B1

EC155B/B1 型直升机(图 3-16、图 3-17)是欧洲直升机公司生产的海豚家族加长型中型直升机,具有多用途、高强度、高舒适性、低噪声、低振动、高巡航速度等优点,还可满足高海拔、高温环境等多环境飞行任务。

图 3-16　EC155B1 机型

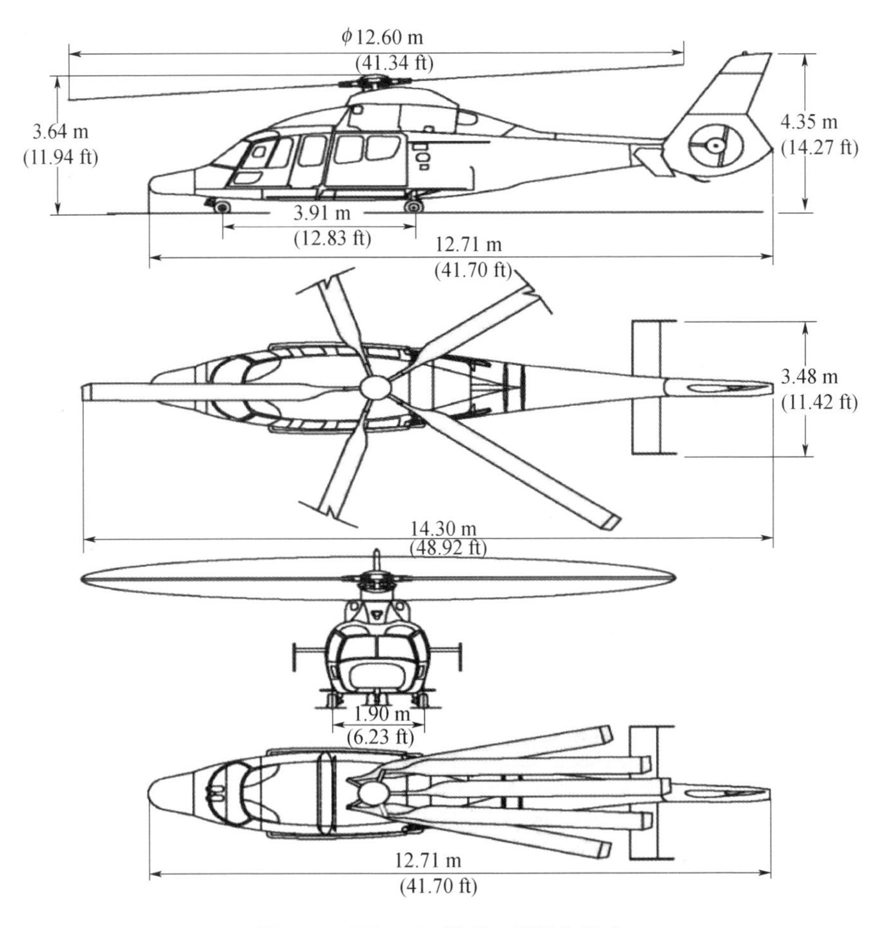

图 3-17　EC155B1 机型三视图和尺寸

采用的是透博梅卡发动机厂家生产的 Arriel 2C1/C2 双发动机、电子显示屏幕等,可满足多种飞行任务。

EC155B1 机型主要参数如表 3-3 所示。

表 3-3 EC155B1 机型主要参数

飞机最大起飞重量	4920 kg
飞机基本空机重量	2619 kg
有效配载	2301 kg
乘客数量	12 人
最大飞行高度	5485 m
最大速度(不可逾越速度)	324 km/h(175 节)
最大巡航速度(最大连续功率)	278 km/h(150 节)
最大航程(标准油箱)	784 km

3.2.4 S-92

S-92 型直升机(图 3-18、图 3-19)是美国西科斯基飞机公司研制的双引擎大型直升机。

图 3-18 S-92 机型

引用了很多先进的设计理念并且使用了很多先进的机载设备,例如钛合金桨毂、辅助动力装置、AVCS(主动振动控制系统)、双层隔音舷窗、座舱空调、TCAS(空中防撞系统)、GPWS(近地警告系统)等。因此 S-92 直升机具有卓越的安全性、舒适性及经济性,有“直升客车”之称,是当今深海海上石油勘探飞行服务保障的主力机型之一。

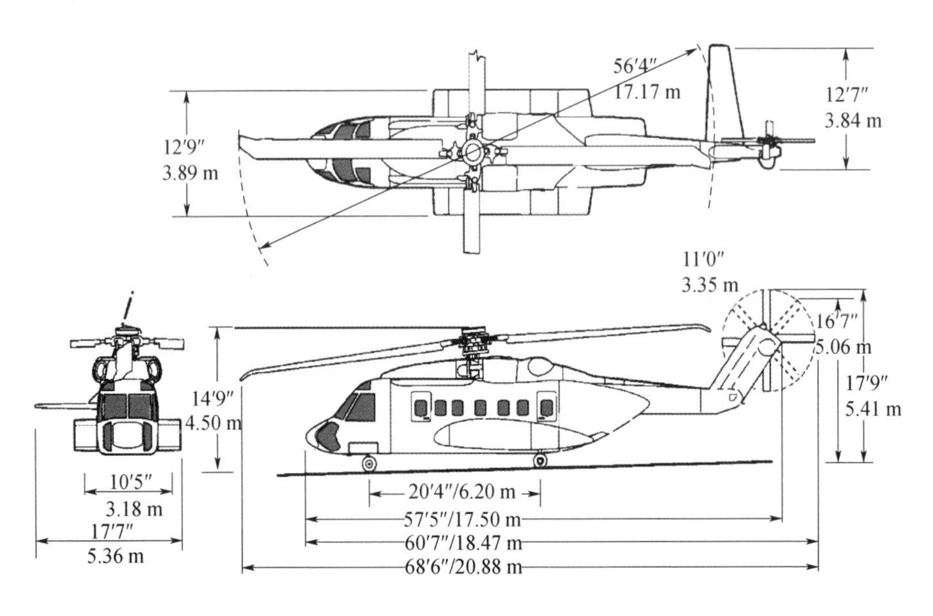

图 3-19 S-92 机型三视图和尺寸

S-92 机型主要参数如表 3-4 所示。

表 3-4 S-92 机型主要参数

飞机最大起飞重量	12.8 t
飞机基本空机重量	7.2 t
发动机	GE CT7-8
额定功率	2×1790 kW
乘客数量	19 人
最大速度(不可逾越速度)	287 km/h
经济巡航速度	259 km/h
最大航程	1000 km

3.2.5 S-76

S-76 型直升机(图 3-20、图 3-21)是美国西科斯基飞机公司生产的一款业内知名的多用途耐用型直升机。通常采用公务机布局,但也可用于消防、搜索救援和运输。西科斯基 S-76 最早期型号为西科斯基 S-76A,目前的新型号为 S-76C++和 S-76D,S-76 的总飞行时间记录已超过 500 万小时,这是可靠性的最好验证。由于安装了两台发动机,S-76 在安全性和安全裕度方面都得到了很大的保障。S-76++也是为数不多的被批准可在吹雪和降雪条件下飞行的高性能直升机之一，是当之无愧的全天候直升机。目前 S-76C++配置了透博梅卡 Arriel 2S1 发动机，功率 922 马力。西科斯基 S-76C++以最高巡航速度 287 km/h 飞行能够不间断航行 762 km。该机型还能够在 2149 m 高度利用地面效应(IGE)悬停，在 1006 m 高度无地效(OGE)悬停，单发实用升限为 1493 m。毫无疑问，西科斯基 S-76C++是一款拥有杰出安全记录的稳定的飞行器。

图 3-20　S-76 机型

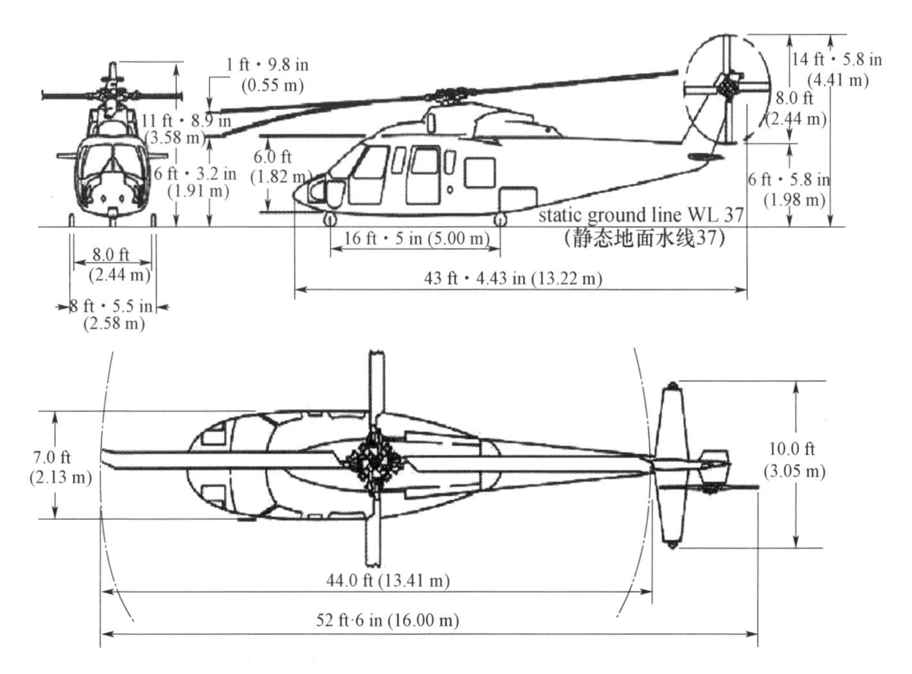

图 3-21　S-76 机型三视图和尺寸

S-76 机型主要参数如表 3-5 所示。

表 3-5　S-76 机型主要参数

最多载客人数	2+12 人
最大起飞总重量	5310 kg
一般可用商业载重量	900 kg
巡航速度	240 km/h
最大速度	286 km/h
标准航程	625 km
续航时间	2～6 h
每小时耗油量	275 kg/h

3.2.6　AW139

AW139 型直升机(图 3-22～图 3-24)是意大利阿古斯塔·韦斯特兰公司研制生产的 6 吨级中型双发直升机，在同级别直升机中，AW139 拥有最宽敞的客舱，并且能够轻松自由地进行改装以满足不同的任务需求，包括 VIP 行政座驾、EMS 紧急医疗救护、SAR 搜索救援、海上运输及客运、执法巡查和国土安全。

图 3-22　阿古斯塔 AW139 机型示例 1

图 3-23 阿古斯塔 AW139 机型示例 2

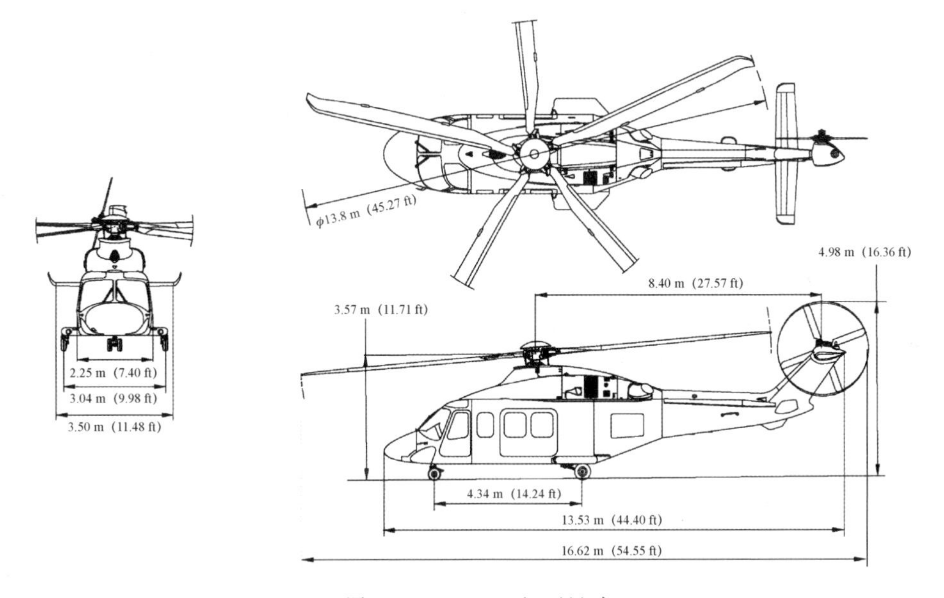

图 3-24 AW139 机型尺寸

AW139 型直升机拥有同级别产品中最宽敞的客舱，容积达 8 m^3，能搭载 12～15 名乘客，同时配有大型滑动客舱门，方便乘客及装备物资的出入。它还选用了模块式的解决方案，便于其在不同构型间快速转换。行李舱从客舱内外部都可以进入。AW139 以其最大巡航速度 306 km/h、使用辅助燃料最远航程超过 1060 km 的卓越性能，在同级别产品中树立了新的性能标准。它装载了强大的涡轴发动机配合顶级的五叶片主旋翼传动系统，即使在极端的环境和各种载重条件下，也能够确保出色的巡航速度和卓越的动力表现。而它的吸能起落架、机身、座椅以及加大的尾桨地面间隙等设计，进一步增加了乘客及机务人员的地面安全保障。作为新时代直升机产品，AW139 完全符合新版 JAR/FAR29 规章在性能和安全方面严格的要求。AW139 直升机采用了全综合航电系统，数字四轴自动飞行控制系统及驾驶舱大型平板彩色显示器等先进的技术。这种先进的综合驾驶舱采用了一流的科技，能够最大限度地降低飞行员的工作量，使他们将更多精力集中在作业目标上。它还配备了高级防冰功能供客户选装，这项功能能够使 AW139 在同类产品已被禁足机库的极寒环境下完成作业任务。

AW139 机型主要参数如表 3-6 所示。

表 3-6　AW139 机型主要参数

最大飞行速度	310 km/h	OEI 实用升限	6096 m
最大巡航速度	306 km/h	标准油箱容量	1568 L
爬升速率	>10.9 m/s	备用油箱容量(选装)	500 L
有地效悬停高度	4682 m	发动机型号	2×普惠 PT6C-67C
无地效悬停高度	2478 m	起飞功率	2×1252 kW
最大航程	1060 km	最大起飞重量	6400/7000 kg
最长续航时间	5 h 13 min	最大有效载荷	2670/3070 kg
长度(旋翼转)	16.65 m	最大巡航速度	306 km/h
总高度	4.95 m	最多载客人数	12～15 人

第4章 直升机甲板运行

直升机甲板指挥员(HLO)负责平台上直升机运行控制和向平台经理报告的工作。整个运行控制过程中 HLO 负有较大的工作和安全责任,因此,HLO 能否胜任本职工作,直接影响直升机在甲板上的运行质量和效率。同时,要求直升机飞行员和 HLO 有效配合,以此来完成直升机安全运行。

4.1 直升机甲板安全运行总体要求

当直升机在甲板上运行期间,所有人都必须遵守以下安全措施,该措施不可能包含所有安全防范的风险,但列明了最主要的风险。

4.1.1 总预防措施

(1)任何时候只要某一海上作业甲板上停有直升机而且旋翼还在转动时,就不允许有人进入直升机着陆区或在其周围走动,除非该人员所在位置处在某一接机人员或直升机甲板指挥员的监视视线内并在远离发动机尾气和直升机尾桨的安全距离区。靠近低旋翼旋转盘的直升机机头前面走动也可能是很危险的。登离机扇区如图 4-1 所示。

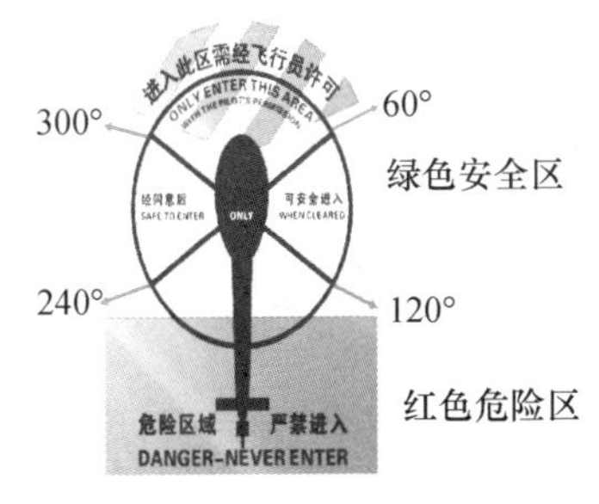

图 4-1 登离机扇区示意图

(2)这些危险区域的划定以具体机型不同而有所不同(图 4-2～图 4-6),但总的说来,准许接近和离开直升机的路线在机身右侧 60°～120°的方位上和左侧 240°～300°的方位上。低旋翼旋转面的直升机,必须避免从机头正前方(360°方位)接近和脱离。所有直升机,都必须避免从尾部(180°方位,即尾桨危险区)接近和脱离。

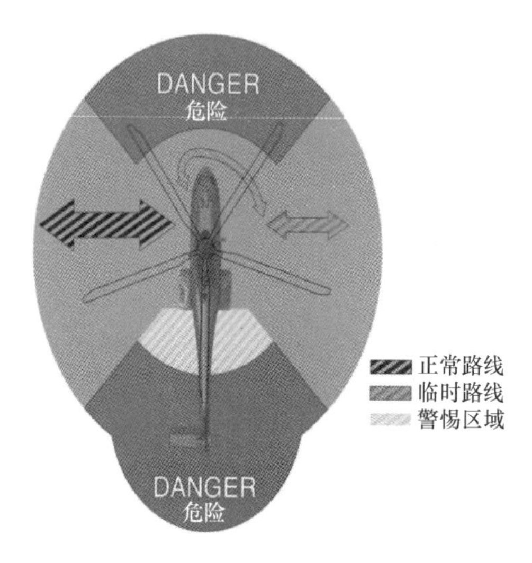

图 4-2 EC225/H225 机型登离机扇区示意图

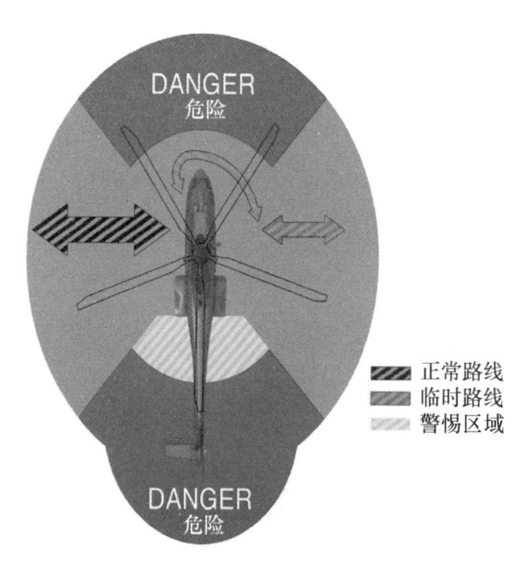

图 4-3 AS332 机型登离机扇区示意图

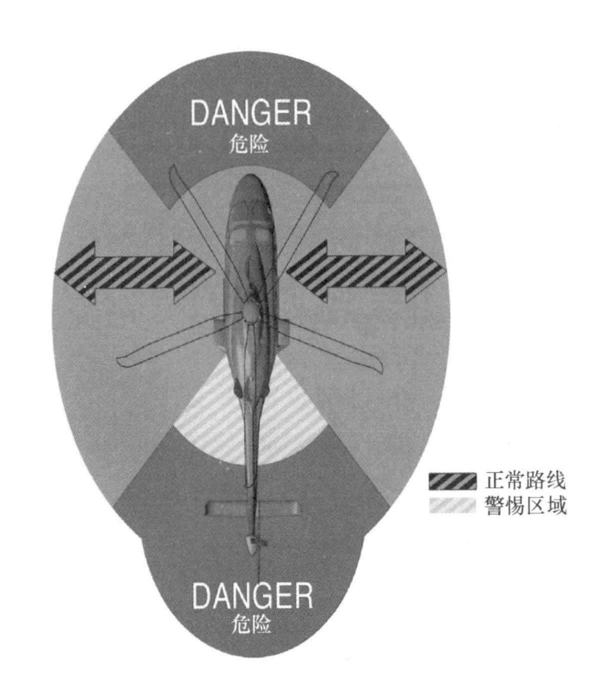

图 4-4 AW139 机型登离机扇区示意图

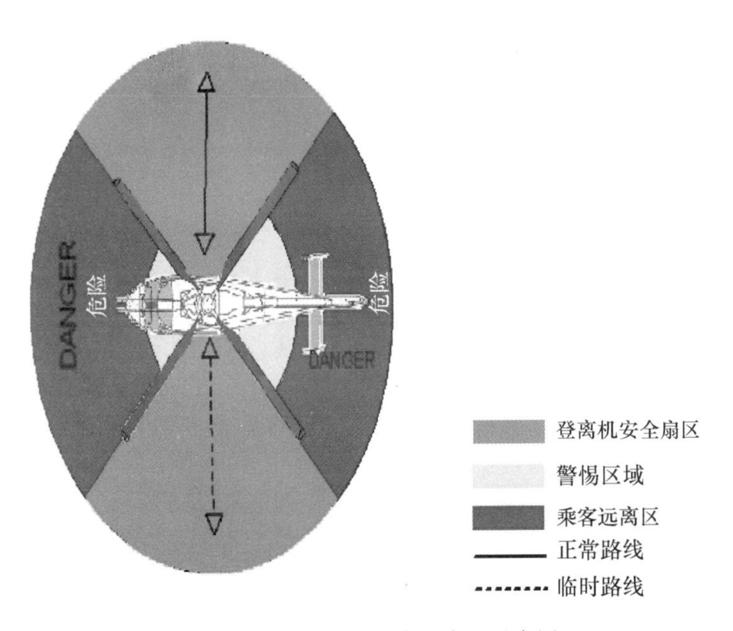

图 4-5 EC155 机型登离机扇区示意图

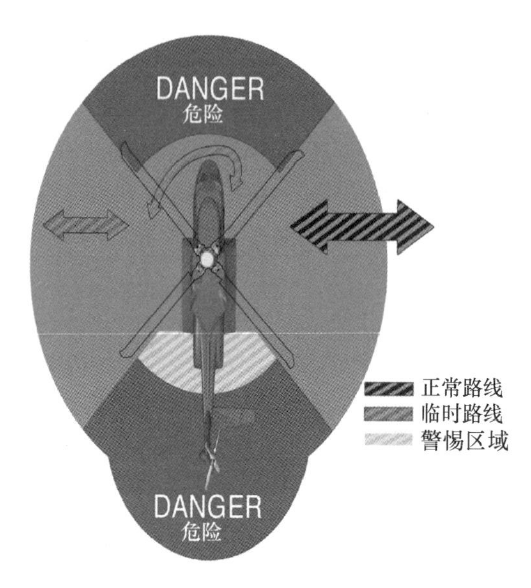

图 4-6　S-92 机型登离机扇区示意图

(3)HLO 应该在甲板声明中向所有甲板工作人员强调遵守该机型甲板安全区域图和安全工作区域的重要性。

(4)HLO 应该在甲板声明中向所有甲板工作人员强调与甲板状态相关的潜在危险，特别是着重强调海况导致的直升机甲板俯仰、摇摆度和升沉等情况。所有行走的人必须加强安全保护，防止磕碰或摔伤。

4.1.2　其他安全注意事项与要求

(1)接近直升机：在防撞灯(图 4-7)仍然闪亮时人员决不允许进入直升机甲板，要等到防撞灯关闭而且飞行员给出了“竖起拇指”手势或指令后方可接近直升机。接近直升机时始终要避开危险区域。在飞行员的可视区从飞机的侧面进入。只有在飞行员的许可下才可以从前方接近。

图 4-7　防撞灯

(2)旋翼:旋翼产生的下洗气流会吹起消防头盔、眼镜、手机、手套、抹布、纸皮、塑料袋等松散物品,以及容器上的盖子、护套、罩布等,均需要牢固,防止被吹起影响飞行安全。

(3)浮筒救生筏:应确知浮筒救生筏的位置,应急救生设备严禁磕碰以防意外充气打开。应急抛放手柄(图 4-8)供应急抛放操作,平时不得触摸或扳动。

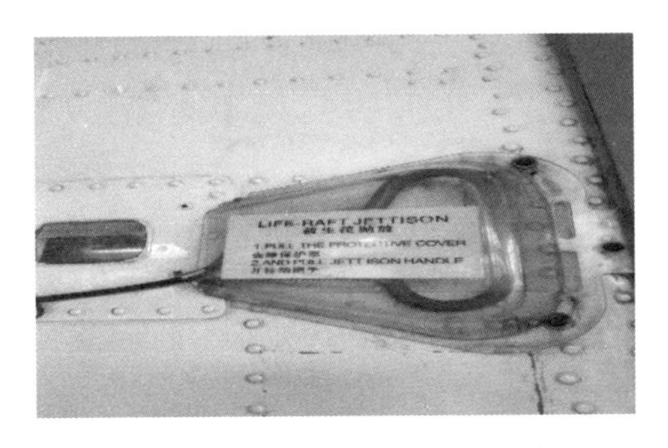

图 4-8 救生筏抛放手柄

(4)应急抛放舱门和应急抛放玻璃(图 4-9):现在执行水上飞行任务的直升机民航部门强制性地要求必须具备应急逃生要求,直升机驾驶舱门、客舱门和大部分客舱玻璃均有标识红色的把手、拉环或拉条,这些带红色标识的部分非应急情况下不准触摸或扳动,防止意外抛放。

图 4-9 应急抛放舱门和应急抛放玻璃

(5)发动机:要清楚发动机进气道和排气口的位置并远离。发动机进气道禁止进入杂物,发动机排气管高温,注意排出尾气,发动机尾喷口如图 4-10 所示。

图 4-10　发动机尾喷口

(6)自动可抛放式应急定位发射机(auto deployable emergency location transmitter,ADELT,图 4-11):注意这类装置的位置并保持合适的距离,防止意外抛放,会导致人员受伤。飞机关车后,要确认机组已将该设备的安全销安装到位。

图 4-11　自动可抛放式应急定位发射机

(7)空速管(图 4-12):直升机前部装有空速管,禁止触碰,因为它们可能是热的,有过直升机的空速管磕碰到人造成受伤的情况。此外,它们也可能被破坏,导致飞行仪表读数错误。

图 4-12　空速管

(8)位置灯(图 4-13):直升机左边红色、右边绿色的位置灯,在飞行的过程中会产生热量,有将人烫伤的风险。

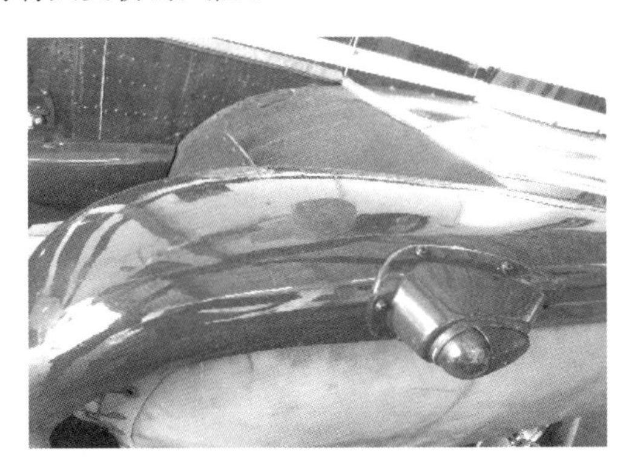

图 4-13 位置灯

(9)静电:静电可导致跳火或伤人,给直升机加油前确保先接上接地线,加油结束后断开接地线。做绞车或外吊挂飞行时,必须先让搭地线接地放电后才可触摸吊挂设备,否则会被静电击中。

(10)消防保护:直升机起降平台上的消防设备在降落、关车、起动、起飞和旋翼转动期间始终有人值守。

(11)乘机安全教育:必须对乘客进行他们所乘飞机型号应急程序方面的安全教育。该安全教育既可通过播放经批准的安全教育录像带来进行,也可由飞行机组人员直接口述进行。所有水上飞行都要穿救生衣,平均海温低于10 ℃(含)须加穿防寒抗浸服。

(12)直升机安全须知卡:安全须知卡通常放在直升机乘客座椅后的座椅袋里。安全须知卡中包含了诸如浮筒、救生筏、急救箱、灭火瓶、手电筒等应急设备的位置,正常和应急舱门、应急出口的位置和操作方法。

(13)防寒抗浸服:所有海上飞行的起飞、降落期间和飞行高度在152.4 m(500 英尺)以下的海上飞行期间及飞行机组要求时,乘客都必须按要求穿好防寒抗浸服并拉上防寒抗浸服的拉链。

(14)安全带:乘坐直升机全程始终要系好安全带直至“系好安全带”信号灯熄灭为止。

(15) 守护船:任何待命的守护船已经被通知有直升机在具体平台运行。守护船的位置不能在直升机起飞、离场和进近的航路上,不能在使直升机飞行安全受到威胁的地方。

(16)禁止吸烟:乘坐直升机期间全程“禁止吸烟”。

(17)异常信息:如发现直升机发出异常噪声、闻到燃油气味、滑油泄漏等任何异常情况应立刻向机组报告。

4.2 直升机甲板安全运行基本要求与接送机基本程序

4.2.1 直升机甲板起降运行安全基本要求

(1)平台(船)负责人要始终确保具备应对直升机发生事故所需的人员及设备。

(2)直升机甲板指挥员在直升机到达平台前15分钟就位,监督检查确认甲板工作人员是否就位,各设施、设备及甲板表面具备直升机起降条件(吊车停止作业并收放牢靠,平台火炬处于燃烧状态,平台没有冷放空作业,飞机甲板没有飞鸟停留,围栏、扶手、杆柱放下),平台(船)气象摇摆度符合起降条件,报告船长直升机可以起降,指令话务员通报机组允许直升机起降。

(3)直升机甲板指挥员负责监控任何人员不得登上直升机甲板。

(4)在乘机人员上下机、行李和货物装卸机以及加油等工作开始之前,人员接近直升机必须事先征得直升机甲板指挥员的许可后方可进行。该许可须在直升机关闭防撞灯之后并征得飞行员的同意。

(5)登、离机人员,装卸、搬运行李、货物人员,必须行走划定的安全区域。

(6)在平台(船)行进移动或摇摆运动时,所有行走的人必须加强安全保护,防止磕碰或摔伤。

(7)当直升机进近时,直升机甲板指挥员应仔细观察直升机有无异常情况(如起落架依然在收起状态等)。如发现起落架没有正常放下,则应立即通过手提超短波(VHF)电台警告飞行员,若无线电警告联络不通,则应在确保安全的前提下迅速站到直升机甲板中央通过挥舞手势警示飞行员禁止着落,或做出拍大腿的手势,警示飞行员起落架没放下。

(8)直升机在甲板上只要旋翼在转动状态,直升机甲板指挥员就应始终目视监视直升机状态,发现任何可疑问题,立即通报飞行员。

(9)直升机降落甲板停稳后,征得飞行员同意放置轮挡止动直升机主机轮,飞行员另有通知者除外。

(10)直升机降落甲板后若实施不关车下乘客的安全要求:乘客将依然穿

着救生衣留在座位上等候，行李人员征得指挥员同意，先卸下行李和货物；直升机甲板指挥员通过手势或无线电通知飞行员。飞行驾驶员关闭“系好安全带”信号显示，并通过客舱广播系统向乘客宣布下飞机及拿走各自的行李和清理走甲板上的货物，乘客解开安全带，脱下救生衣留在客舱内，由另一名飞行员打开客舱门，开始离开飞机，认领自己的行李和手机（适用于手机集中运输的作业区），走安全区离开直升机甲板（经协商一致，也可以采用先下乘客后卸行李的方式）。

由于各作业区的特点不同，经协商一致，可选用另一种乘客离机方式：直升机降落甲板停稳之后，机组联系甲板指挥员同意乘客离机，飞行驾驶员关闭“系好安全带”信号显示，并通过客舱广播系统向乘客宣布下飞机，由另一名飞行员打开客舱门，乘客穿着救生衣（或防寒抗浸服）和听力保护设备，开始离开飞机。行李人员征得指挥员同意，卸下行李和货物，并尽快移送到甲板下由乘客自己认领；直升机甲板指挥员要确保乘客脱下的救生衣、防寒抗浸服送回直升机上，防止遗漏。

（11）如果直升机需要不关车加油，则应遵照“直升机不关车加油”程序进行。要确保在加油时乘客已全部撤离飞机。在极特殊的情况下，如风大或作业情况紧急，根据机长的判断，允许乘客不下机加油，但飞行员必须向直升机甲板指挥员和乘客讲明特别安全注意事项。特殊情况加油方式加大了安全风险，尽可能不要采用。

（12）直升机不关车状态下上货物、行李和乘客的要求：征得飞行员同意之后，在另一飞行员的观察下先上行李、货物并系留牢固，后上乘客，乘客在接近飞机前应戴上听力保护设备、穿好救生衣（冬季穿防寒抗浸服）。要确保乘客正确入座，系好安全带，戴好防寒抗浸服的防水帽并拉上服装拉链等候起飞。

（13）直升机不关车状态给机组提供饮料，要确保从客舱送入，绝不要从驾驶舱门送入，除非两个飞行员都在驾驶位置上。防止不小心将食物碰到驾驶杆，突然改变直升机姿态造成意外风险。

（14）直升机甲板关车下乘客：等待旋翼和发动机都停转，防撞灯关闭，乘客将依然穿着救生衣留在座位上，待行李人员完全卸下行李和货物，甲板指挥员通过手势或无线电通知飞行员；飞行员关闭“系好安全带”信号显示，并通过客舱广播系统向乘客宣布下飞机及拿走各自的行李和清理走甲板上的货物。乘客解开安全带，脱下救生衣留在客舱内，由另一名飞行员打开客舱门，开始离开飞机，认领自己的行李和手机（适用于手机集中运输的作业区），走安全区离开直升机甲板（经协商一致，也可以采用先下乘客后卸行李的方式）。

(15)直升机甲板关车后如果需要加油,则遵照“直升机关车加油程序”进行。

(16)直升机甲板关车等待或过夜,机组必须系留和盖好各堵盖和罩布。直升机甲板指挥员应指定足够专人给予协助。

(17)直升机启动:直升机甲板指挥员应确认行李货物已完全装上直升机,固定系留牢固,经过飞行员检查,登机人员安全教育、救生衣和防寒抗浸服穿着完毕,登机准备工作就绪。救生衣和防寒抗浸服没遗留在平台上,将舱单交给飞行员。目视检查直升机各舱门、舱口均已关好,甲板上没有燃油和滑油泄漏痕迹,没有闲杂人员,没有障碍物或可吹起物品,移动式二氧化碳灭火瓶准备好,通报飞行员可以启动。启动一切正常,接飞行员可以登机的指令后,指挥登机人员登机。

4.2.2 直升机甲板工作人员接送机基本程序

序号	内　容
	飞行计划准备
1	当日15:30之前应报次日飞行计划
2	飞行计划须明确:飞往目的地(飞多个平台须注明顺序)、往返人员名单、货物重量、其他说明
3	直升机起飞前1小时向机场提供天气预报等资料。发预报单的同时注明燃油储量,确保燃油合格、设施可用
4	直升机起飞前1小时向机场发送天气预报之前,应检查直升机甲板、设备、人员均处于正常状态,若夜间飞行需测试灯光,通信、导航设备处于良好可用状态
5	从平台返回陆地的乘客,提前10分钟做好登机前准备,包括已完成称重、安检、看安全教育录像等
	直升机预达时间前30分钟
6	HLO再次确认直升机预达准确时间,至少在预达时间前20分钟到达甲板
7	HDA等其他人员至少在预达时间前15分钟到达甲板
8	通知守护船直升机的预达时间,开始待命。任何待命船只禁止在180°扇区500 m内
9	HLO要通知直升机在1000 m范围内有守护船
10	对空话务员常守监听直升机空中飞行动态
11	话务员收集最新天气实况,做到随时可向机组通报最新有效的天气实况
12	准备好空运舱单

续表

序号	内　容
13	所有吊车停止作业并收放牢靠
14	直升机到达之前，再次确认加油设施准备就绪
15	检查灭火管路压力，如无压力则启动灭火泵
直升机预达时间前15分钟	
16	话务员向甲板指挥员报告最新预达时间，指挥员就位
17	话务员向机组和甲板指挥员报告最新天气实况
18	甲板指挥员检查确保守护船就位
19	甲板指挥员检查确保直升机甲板各工作人员到位
20	检查起降甲板无松散物品，如箱子、塑料袋、抹布等。防滑网拉紧及各端头紧固牢靠
21	检查防撞灯、周边灯、泛光灯和风向袋灯(仪表飞行)
22	高出甲板的栏杆、扶手等放下并牢固
23	检查坠机工具、设备和消防设备
24	检查应急医疗设备在位齐全，包括呼吸设备
25	预备轮挡置于甲板上风出口处
26	接通并检查泡沫喷射器和遥控器，测试良好后，枪嘴指向起降甲板中央
27	如需加油，确认油样化验完毕并做好记录
28	所有无关人员撤离起降甲板
29	再次确认起伏、横滚、俯仰最新数据，并通报机组。指派专人随时观察天气、俯仰、横滚、起伏、航向动态，如有任何改变，迅速通知飞行员，直到直升机飞离甲板
30	所有项目均检查完毕，甲板指挥员用无线电向平台主管报告，并通知话务员向机组通报，起降甲板可用
31	确认平台上返回的乘客已看过安全教育录像，行李、货物中没有违禁物品，做好登机前准备待命
直升机预达时间前5分钟	
32	HLO确保吊车司机被通知
33	监听飞行员与平台上的无线电联络
34	保证登机乘客在安全区域等待，用隔离的方式做到他们没有到甲板上
35	其他人员在各自岗位上就位
直升机即将着陆	
36	HLO确保吊车已经停止工作。允许进行外围吊车操作，但必须通知飞行员

续表

序号	内 容
37	HLO 通过甚高频无线电通知飞行员,直升机甲板可以降落,如果在直升机上观察到意外情况,请发出警告。在迎风侧找到一个地点观察到直升机甲板。继续监控,如有任何意外马上报告。特别是观察起落架是否放下
38	HDA 等站在能被 HLO 看到的地方,随时联系。消防员迎风站在消防栓旁边或者遥控器旁边、报警系统触手可及的地方
着陆后	
39	在起飞和着陆期间,消防员一直值守灭火喷射枪
40	飞行员关掉防撞灯后,甲板指挥员指令甲板工进入起降甲板,在出口侧装上扶手
41	只要直升机在甲板上,就要使用轮挡。至少在一个轮子放置轮挡,轮挡挡在主起落架轮胎前后
42	运输舱单交给飞行员
43	飞行员打开舱门后,卸下货物/行李并将其迅速移走
44	甲板指挥员迅速引导乘客离开甲板
45	甲板指挥员指定专人将救生衣带给准备登机的乘客
46	如需加油,按直升机加油程序执行
47	甲板指挥员请示机组准备装货物/行李,机组回答同意后,甲板指挥员指挥将货物/行李移至甲板,在飞行员的指挥或监视下装载货物/行李,并将其固定牢靠
48	当登机准备就绪,甲板指挥员请示机组准备登机,机组回答同意后,指挥员将乘客引导至直升机甲板
49	登上甲板的所有人员严禁携带松散物品或可吹起物品,随身着装严禁被气流吹飞掉
50	检查所有乘客扣好安全带,飞行员检查各舱门关好
甲板起飞前	
51	移开扶手并置于甲板出口下方
52	按飞行员指令,移开轮挡并离开直升机甲板
53	如果起动:目视直升机甲板无障碍物,甲板指挥员位于直升机前方旋转面以外飞行员可视位置,消防员及 CO_2 灭火器就位,给飞行员可以起动的手势
54	飞行员请示起飞,甲板指挥员目视检查甲板无障碍,给飞行员可以起飞的口令或手势

续表

序号	内　容
甲板起飞后	
55	直升机甲板指挥员、消防员等应继续值守在岗位上直至直升机爬升改平飞后或5分钟后，以先到者为准
56	监控直升机起飞后如果有任何异常情况并立刻报告
57	清理甲板并将设备置于适合位置
58	消防设备恢复放置于原位

4.3 无人值守平台运行

4.3.1 飞行前安全简报

飞往无人值守海上平台实施飞行之前，必须了解掌握平台是否满足起降安全条件。除通常的飞行前安全须知教育外，直升机甲板指挥员还必须对整个团队的每个成员分别围绕直升机作业各自所承担的职责逐一进行明确分工。在起飞之前通过遥感技术、闭路监视器了解平台是否具备起降条件，或通过守护船或供应船进行观察的方式了解海上平台是否满足降落条件。如无办法了解到海上平台的情况，采用抵达平台上空先进行盘旋目视，满足降落条件即着陆，不满足立即返航。

4.3.2 下机

在直升机上，HLO应该坐在靠近客舱门处且在安全的情况下根据指示可以使他在到达平台后第一个就能下飞机的位置上。同时HLO也要穿着能表示其身份的服装。HLO从直升机上下到平台上时，应立即对降落平台的状况进行检查，以确保人员和直升机的安全。还应立即检查平台油气处理情况以及火焰和气体信号是否传输到控制装置。只有在确认平台处于安全状态后，HLO才应向直升机机组人员手势示意，让其余乘客在HLO的监督下，按照本章先前详述的正确及安全程序下直升机。

4.3.3 登机

在与飞行员进行商议和沟通明确后，HLO要确保所有乘客均已按照本章先前详述的正确及安全程序登上直升机。HLO 是最后一位登上直升机的乘客。

4.4 直升机甲板运行应急特情

具体参见本书第 11 章“直升机甲板应急管理”。

第5章 直升机甲板检查

5.1 起降甲板的检查要求

(1)直升机甲板指挥员(HLO)的职责是确保起降甲板及相关设备处于适合直升机飞行运行的状态,如有任何缺陷或问题必须及时报告给海上作业平台经理。

(2)直升机甲板检查的责任人:海上作业平台负责人为主要责任人,直升机甲板指挥员(HLO)为直接负责人。应确保直升机甲板着陆区满足以下条件:

①必须满足甲板直径 D 值的要求,并有足够的进近和起飞静空通道,能使原设计使用的直升机机型在任何风向、风速和其他气象条件下安全地着陆或起飞。

②保持原有设计用途不降低或改进得更好。

5.2 起降甲板表面及防滑网

5.2.1 检查甲板表面状况

在每次直升机起降之前,直升机甲板指挥员应确保如下:

(1)着陆区无障碍物,检查包括:

——无任何冰、雪、较浓的喷洒物及起降甲板上没有海水;

——无散乱工具、机械或其他物品;

——无机油、汽油或其他易燃物。

(2)直升机着陆区

——整个着陆区涂上防滑材料;

——甲板着陆区建造成中间高、周边低的浅斜面或拱面,以防雨水或溢油积留在着陆面上;

——着陆区敷设边沟或镶边条，以把溢油流向一个安全的区域。

5.2.2 直升机甲板防滑网

直升机甲板上应敷设绷紧的防滑网，以帮助轮式起落架的直升机在恶劣气象条件下降落。绳网沿着陆区周边每隔 1.5 m 距离进行固定。绳网的绷紧张力至少达 2225 N(500 磅力)，以手提绳网的任何部位使劲垂直往上提所能提到的高度不超过 250 mm 为宜。不管周围空气湿度变化有多频繁，网绳都要有足够的张力，避免被直升机旋翼产生的强气流吹起危及安全，这是必须注意的安全警示事项。

(1)防滑网的大小应与所用直升机机型的大小相适应，铺设防滑网不能遮盖住甲板上标示的名称、吨位等，即：

小型直升机	6 m×6 m
中型直升机	12 m×12 m
大型直升机	15 m×15 m

(2)建议防滑网(图 5-1)选用波罗麻为材质，最大网孔尺寸为200 mm。为防止网孔变形，网孔交连处应打结或锁死的捻接。现在已生产出新型材质的防滑网，选择采购时一定注意满足现行标准的要求。

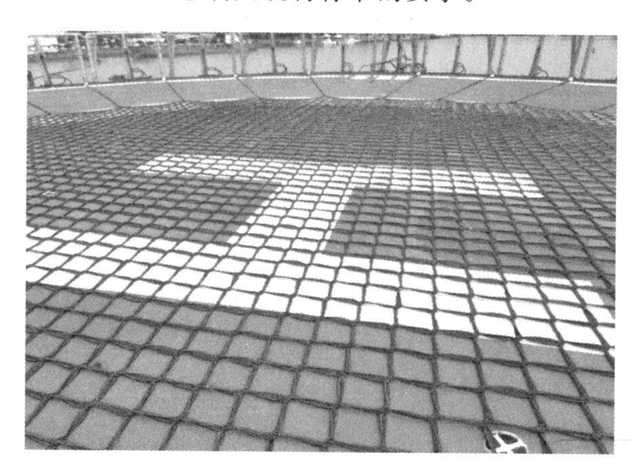

图 5-1　防滑网

5.2.3 起降平台表面摩擦系数(国内不使用)

对于常有人监守的海上直升机甲板，如果由于环境的原因其摇摆度不大，例如混凝土浇筑和钢体结构，但必须用民航部门所批准的测试方法来测试证明它所能达到的平均表面摩擦系数不低于0.65,则可以撤去直升机甲板上的防滑网。但海上作业平台的作业者此后必须确保起降平台上始终保持无机油、油脂、冰雪和其他污染物质,特别是鸟粪等会降低平台表面摩擦系数的物质。撤除防滑网后,起降平台的表面还应定期进行摩擦系数的测试。最初撤去防滑网和随后定期进行表面摩擦系数测试的时间间隔频率都须经民航部门批准。

5.2.4 起降甲板上的系留环

起降平台上应配备足够的用于固定原设计拟用直升机机型的埋头式接头系留环(图5-2)。系留环应与系留绳上挂钩的尺寸大小相匹配。有关系留环与挂钩的匹配以及安全负载的大小可咨询直升机运营公司。

图5-2 系留环

5.3 目视参照物、标识和灯光

检查目视参照物、标识、灯光和配有内部照明的风向袋的状况。

(1)着陆区的标识

为帮助识别并便于昼夜间使用,规定着陆区要做如下标识:

——着陆区表面涂成深绿色,四周用白色线条围边,白色线条的宽度为0.3 m,如图5-3所示。

——中间的目测圆为黄色,如图5-4所示。

——H字母在目测圆中为白色。

——210°无障碍物进近和起飞扇面以黑色V形标识。

图 5-3　着陆区

图 5-4　防滑网与降落环(目测圆)

——起降平台的 D 值取整数标示在起降平台四周的周边上。D 值指的是允许降落在海上作业平台的直升机起降平台上的最大直升机的总尺寸,以米(m)为单位。直升机的总尺寸是指纵向从直升机旋翼正前方一片桨叶的桨尖量起至尾桨正后方一片桨叶的桨尖所测得的尺寸及照此方法横向测得的尺寸。

——起降甲板所能承受的最大重量应以两位数字标出,精确到吨(t,1000 kg),数字后标一"t"字,如图 5-5 所示。

图 5-5　甲板 t 值

——海上作业平台的名称以白色漆标示，所用字体应很容易从空中辨别，并不要喷在目测圆和 V 形标识之间，以免被防滑网遮挡看不清楚。

——障碍物应可视度高，如有必要提高从空中的可辨别度，应在障碍物上漆上色条对比度高的色带。

——夜间，起降平台应有适合的泛光照明，但泛光灯的配置位置和照射方向及灯光强度要合理，不使飞行员晃眼或引起海面反射。整个着陆区以绿色灯(原为琥珀色灯)标划出轮廓。

——高出起降平台 15 m(含 15 m)的至高点，应按每高出起降平台 10 m 的间隔以红色但光线较弱的灯光标示。

——起降平台应配有内部照明的风向袋，以指示起降平台上的风向。

(2)无障碍物扇面

无障碍物扇面指的是为使直升机能进行起降作业须始终保持无障碍物的一个开阔空间，该扇面开度至少应为 210°，纵深长达 1000 m(新要求 500 m)。扇面可最多左右偏转 15°。在此无障碍物扇面内，以下任何障碍物不得高于 250 mm：

——边沟或稍微凸起的边条。

——起降平台周边的边界灯和泛光灯。

——起降平台周边安全网外缘。

——泡沫监控器。

——栏杆或其他在直升机作业时不能完全收起或放低的项目。

(3)限高的障碍物扇面

在其余的 150°扇形面内，从起降平台中央外展至 0.62D(D 值见表 5-1)的距离内，物体高出起降平台平面的高度不得超过 0.05D。超过此距离直至 0.83D

距离内,限高障碍物的高度可按 1∶2 的坡度抬升,如图 5-6、图 5-7 所示。

表 5-1　*D* 值和直升机机型标准数据

机型	*D* 值（m）	旋翼高度（m）	旋翼直径（m）	最大重量（kg）	防滑网大小
Super Puma AS332L	18.70	4.92	15.00	8599	中
Super Puma AS332L2	19.50	4.92	16.20	9150	中
EC225/H225	19.50		16.20	11000	中
AW139	16.63		13.80	6800	小
EC155B1	14.30		12.60	4850	小

注:(1)装滑橇式起落架的直升机,当装上地面牵引轮时其最大高度可能要增加。

(2)如果使用滑橇式起落架的直升机已成为常规,则不需用甲板防滑网。

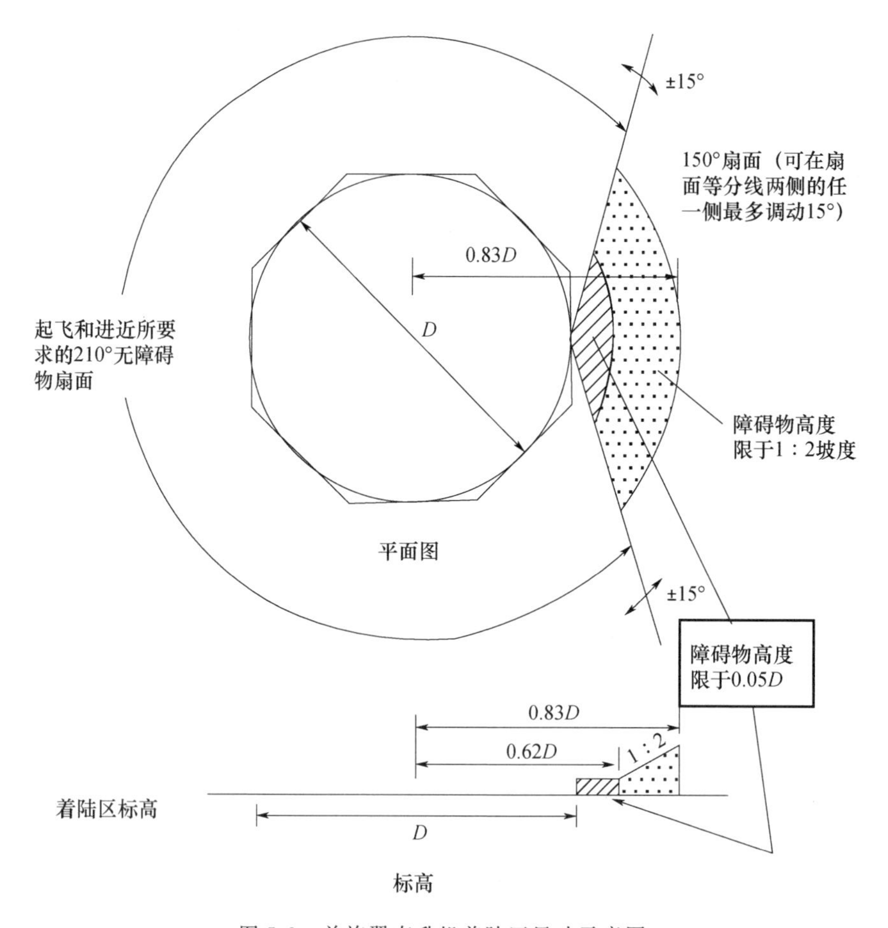

图 5-6　单旋翼直升机着陆区尺寸示意图

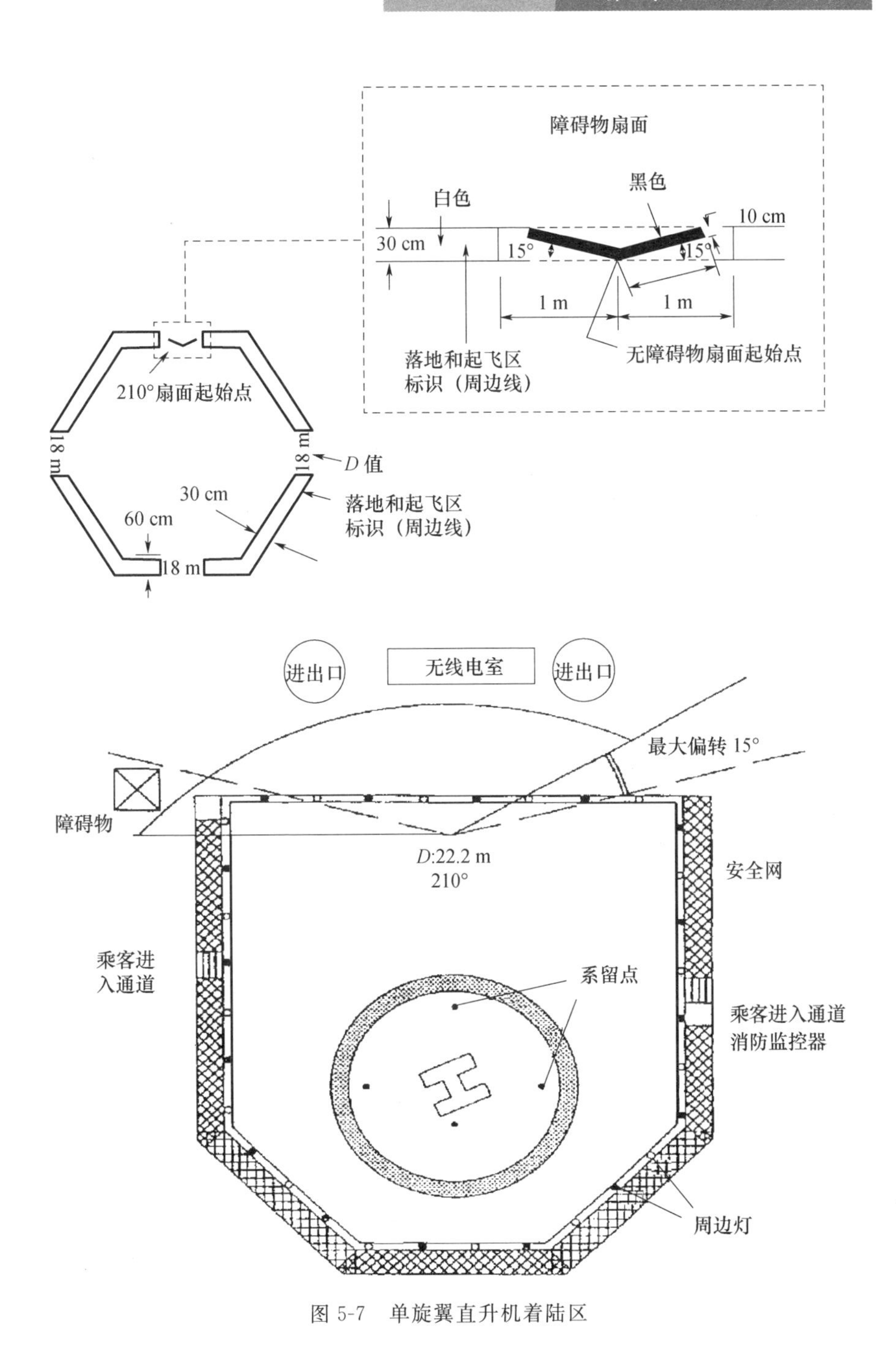

图 5-7 单旋翼直升机着陆区

(4)起降甲板平面以下的无障碍物区(图 5-8)

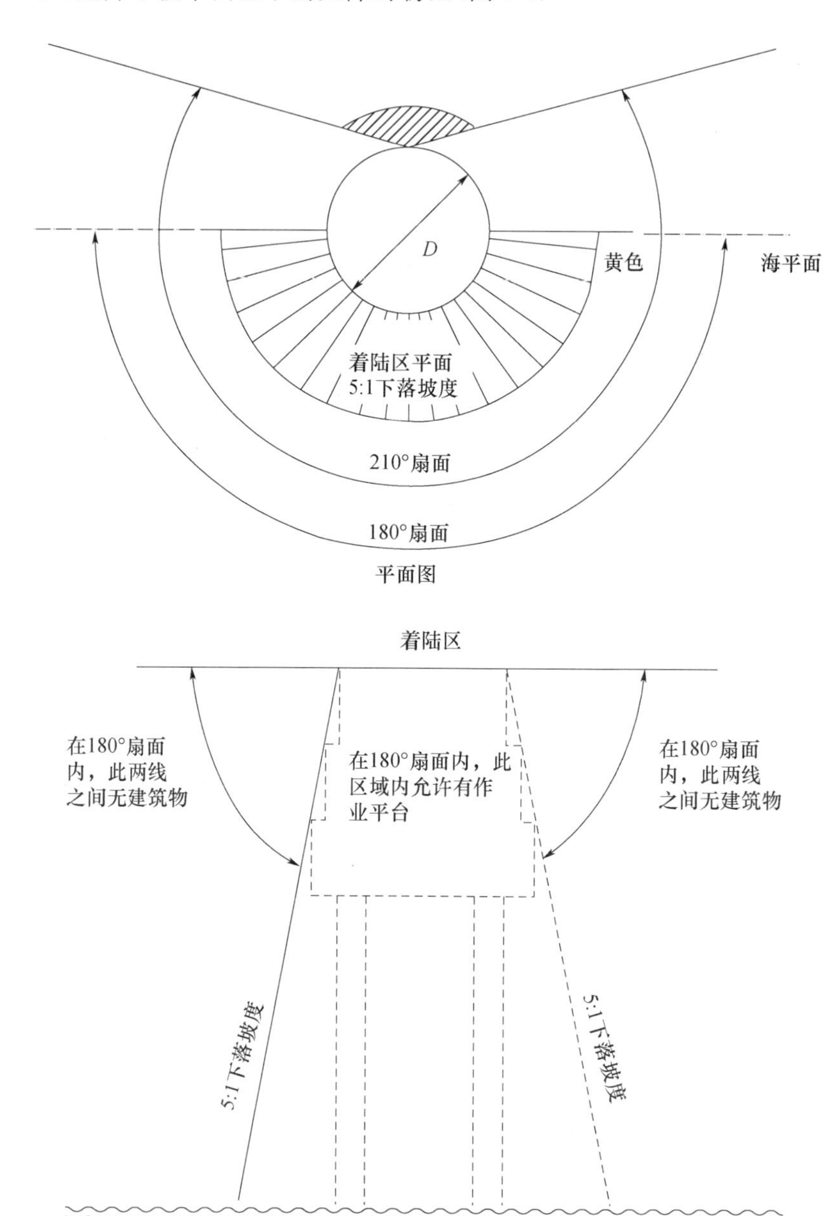

图 5-8　无障碍物区——着陆区平面以下(适用于所有直升机机型)

考虑到直升机在进近或起飞的后期阶段可能会掉高度，要求从公认的着陆区中心计起有 180°的无障碍物区，该 180°无障碍物区内的障碍物高度限制从着陆区边缘计起按 5∶1 下落坡度要求。为便于实际操作起见，该下落坡度往往从起降甲板周边安全网支柱的外缘计起。

(5)应急电源

应当有能向下列用电设备供电的应急电源：

——所有逃生通道和登机区的应急照明。

——直升机着陆区周边和障碍物照明，包括着陆区的泛光灯照明。

禁止着陆航向部分布局如图 5-9 所示。

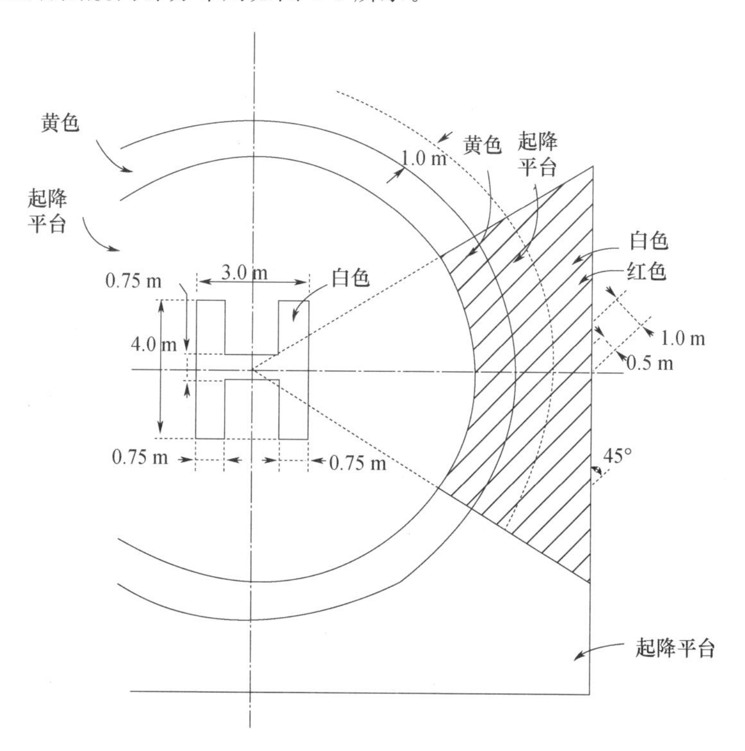

图 5-9 在起降平台上禁止着陆航向部分布局规范

禁止着陆的航向标志示例见图 5-10。

如果海上作业平台或船舶没有配装专用的起降平台状态灯光系统，则应采用着陆轨迹监视仪。该监视仪应用粗帆布制成，并配上系留绳以将其固定覆盖在目测圆里的“H”字上。

注：H的位置和禁止着陆的方位将取决于障碍物的方位

图 5-10　禁止着陆航向标志示例

5.4　直升机甲板周边安全网和设备

(1)每次直升机起降之前，直升机甲板指挥员必须检查直升机着陆区及其周围的所有安全网是否正确固定并处于良好状况。

(2)直升机甲板周边应装上保护人员用的安全网(图 5-11)，除非有的地方本身结构就起保护作用。该人员保护安全网应符合如下要求：

①有挠性并与直升机起降平台的甲板齐平固定。

②至少有 1.5 m 宽，并外伸上反坡度至少 10°，但坡顶高出起降平台平面不得超过 0.25 m(CCAR-135 规定 0.15 m)。

图 5-11　安全网

③要有足够的强度，能承受得住 125 kg(国外现状做试验用 250 kg)的重物从 1 m 的高度落下而安全网又不至于损坏，但又不能像蹦床一样反弹。它应像吊床一样当人体掉进、翻滚或跳进去后能牢固地承受住而又不至于重伤。

(3)起降平台上设备。与直升机甲板飞行相关需使用的设施和设备可包括：

①轮挡(图 5-12)、沙袋及系留索套/系留绳(最好是系留索套)。轮挡最好采用北大西洋公约组织规范要求的沙袋(沙粒)，三角形橡胶轮挡仅适用于不铺设防滑网的直升机甲板上使用。轮挡规范：管形 50 cm×20 cm，10 kg。在移动式海上作业平台上，除非飞行员另有交代，轮挡必须靠直升机起落架的主轮放置。

图 5-12 轮挡

②称行李和货物重量的磅秤。磅秤应用标准重量的砝码每年进行一次校验，校验结果要做记录。

③供起动直升机用的专用电源。如果遇到作业要求直升机在平台上关车，直升机甲板指挥员必须确保起动设备能工作，确保电缆插头保护完好，所用插头盖上了合适的保护盖。

④清除直升机着陆区和人员活动区冰雪的清除设备。建议用适当的喷洒设备或浇花用的喷洒壶喷洒除冰液或盐水。

⑤直升机装卸重型货物的工具。如使用铲车等大型设备装卸，必须符合民航部门规定，尺寸高度不影响直升机安全。

⑥牵引设备。在大型直升机平台上牵引直升机，所用牵引设备须符合民航部门要求，确保牵引行动安全，可以向直升机操作公司咨询。

5.5 救助设备

按照规章要求，每个海上作业平台上都应配备救助设备，以备在直升机发生事故的情况下使用。所有这些救助设备都应保管在直升机着陆区旁边(容易拿取)的一个柜子里，柜子上清晰标示“应急工具箱”(图 5-13、图 5-14)，其清单包括：

图 5-13　直升机应急工具箱 1

图 5-14　直升机应急工具箱 2

(1)25 cm 长的可调扳手；
(2)救助斧(非劈砍型的小斧或飞机事故救助专用的斧头)；
(3)60 cm 长的螺栓剪(图 5-15)；
(4)105 cm 长的撬棒(图 5-16)；
(5)抓钩或打捞器；
(6)强力弓形钢锯(图 5-16)，并带 6 条备用锯条；

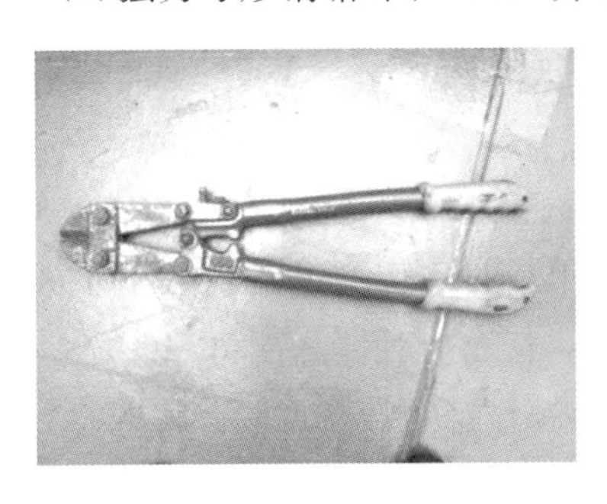

图 5-15　螺栓剪

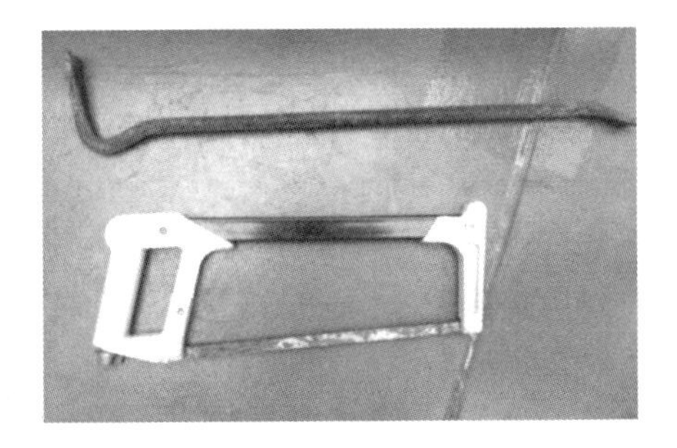

图 5-16　撬棒和弓形钢锯

(7)防火毯(图 5-17);

(8)两个铝合金梯子(每个 2～3 m 长);

(9)安全带并带一根 5 cm×15 cm 长的救助绳子;

(10)侧剪钳(锡剪);

(11)一套组合解刀(螺丝启子);

(12)带刀鞘的肩带割刀,发给每个起降平台工作人员一人一把;

(13)耐火手套,发给每个起降平台工作人员一人一副;

(14)自容式吸氧设备两套;

(15)具有 3 小时工作容量的手提应急灯(图 5-18);

(16)担架。

图 5-17 防火毯

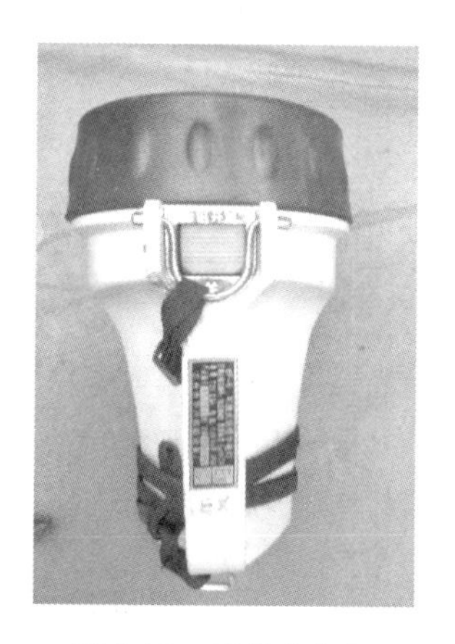

图 5-18 手提应急灯

5.6 消防设备

5.6.1 消防和救助设备的相关规定

海上作业平台负责人应提供符合级别的消防和救助设备以应对起降平台区经评估而确定的风险,并提供训练有素的能在直升机应急情况下做出应急反应的人员。民航规章就最低级别的消防和救助设备作出了规定。

(1)规章要求,为直升机着陆区配备的消防设备(图 5-19～图 5-25)要始终保持随时可用状态,并在必要时加以防护,以免损坏。

图 5-19 消防工具箱

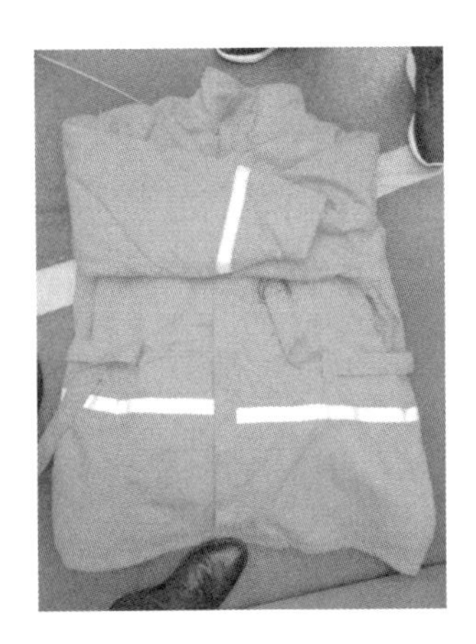

图 5-20 消防服

图 5-21 救护服

图 5-22 防护服

图 5-23 消防靴

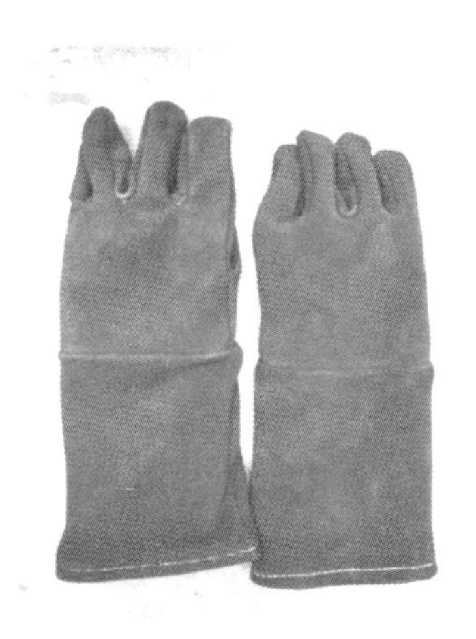

图 5-24　耐火手套

图 5-25　推车式干粉灭火器

(2)直升机平台起降协调员负责确保每当直升机在海上作业平台着陆和起飞前,直升机着陆区的消防设备都有胜任的人员监守。

(3)最关键的是在直升机起动和加油期间要提供消防保护,起动时的主要风险将来自发动机机舱。发动机起火,除非飞行员发出灭火指令,其他人不得擅自采取灭火行动。

(4)必须按照规定要求进行消防灭火演练。直升机甲板指挥员必须具备组织应急灭火的能力,所用消防人员必须接受过消防专项培训,并如期进行复训,保持消防上岗资质在有效期内。

5.6.2　主要灭火剂

最重要的灭火剂是泡沫,它能将直升机事故或事故征候中溢出来的油熄灭并稳定不再扩散。

泡沫发生器应保持良好的性能和适当的存放位置,以确保火情发生时,都能按照设备生产厂家的技术要求,不管风向、风速或是事故发生位置,喷射到甲板着陆区的任何部位。然而,对于一个固定监控系统(FMS),也应考虑到由于天气条件的限制或事故发生位置而导致的下风泡沫损失。因此,固定监控系统的设计标准就是要确保能用现有的设备将泡沫以最低的喷射速率喷射到降落区。对于直升机甲板区及其附属区域,可能出于任何原因,导致固定监控系统无法使用,在这种情况下,需要参考《海上直升机着陆区技术规范》(CAP 437)中的5.12章节所述提供额外的手控泡沫辅助设备。

由于天气对静态存储设备的影响,所以,设备的所有组成部分都应被设计成能抵御长时间的暴露、侵蚀等影响。当对设备采取保护措施时,不应影响设备的快速有效使用,参考 CAP 437 中的 5.3 章节。另外,还应考虑到凝结沉淀对存储设备的影响。

泡沫生成系统的最小容量取决于甲板的 D 值、泡沫的应用率、设备的喷施率以及容量喷射的预期时长,因此,确保直升机主甲板消防泵备有足够的容量,以便当甲板上所有消防设备同时启用时,消防泵能以适当的排放率及最低持续喷射时长而完成所需要的喷射,这是非常关键的。

喷射速率取决于所使用的低膨胀泡沫剂的类型及所选择的泡沫喷施设备的类型。对于涉及航空煤油的火灾,国际民航组织已经进行了性能测试,并对低膨胀泡沫剂进行了评估和分类。大多数低膨胀泡沫剂厂商都就他们生产的泡沫液在这次测试中的性能表现提出建议。英国民航局建议,低膨胀泡沫剂应能够与海水相兼容,至少要达到所使用的 B 级性能要求。B 级泡沫应能够以 6.0 L/(m^2 · min)的最小速率进行喷射。

应用喷射速率计算示例:D 值为 22.2 m 的直升机甲板(B 级泡沫)应用喷射速率 $=6.0\pi r^2=6.0\times3.142\times11.1\times11.1\approx2323$ L/min。

注:国际民航公约附件 14 第Ⅰ部分和编号为 Doc. 9137-an/898 的机场服务手册(2015 年第四版)中的第 1 部分——救援和消防,都支持使用 C 级泡沫,并证明它们的灭火能力比 B 级泡沫更为有效,因此确定泡沫的性能达到了 C 级标准,这样,它的应用喷射速率就可降低为 3.75 L/(m^2 · min)。当新系统使用 C 级消防泡沫时,可在计算中使用 3.75 代替 6.0。使用喷射速率计算公式示例:D 值为 22.2 m 的直升机甲板(C 级泡沫)应用喷射速率 $=3.75\pi r^2=3.75\times3.142\times11.1\times11.1\approx1452$ L/min。

鉴于直升机甲板的位置较远,泡沫系统的总容量应超过任何火情初始熄灭所需的溶剂总量。一般认为,5 min 的持续喷射能力是较为合理的。

5.7 人员防护装备

5.7.1 消防防护服装标准

(1)该标准应与国家海事、海洋当局有关海上直升机起降平台管理的人员防护装备(PPE)标准相符。

(2)直升机甲板指挥员负责确保所有甲板工作人员都穿戴正确的装备。

(3)鉴于直升机甲板作业期间有静电伤害的可能,甲板工作人员不应穿尼龙布做的服装。

5.7.2 甲板工作人员的补充防护设备

(1)反光背心。直升机甲板指挥员应穿着高清晰的反光背心,背心应是阻燃材料做成的,其颜色应与消防服的颜色有明显的区别,背心应标上从很远的地方就能清晰可见的"HLO"字样。

(2)靴/手套/头盔。这些用品应与国家劳动保护部门的标准相符。

(3)听力保护装置。直升机甲板上的噪声级别往往超过 114 dB。在一天的时间里,承受该级别的噪声将超过 2 min。因此,所有起降平台工作人员和乘客都应佩戴符合标准要求的听力保护装置。

(4)眼镜。眼镜往往被当做是"松散物品",容易被刮碰掉落,有必要做出相应的防止掉落的加固措施,如用绳子系紧。该要求不仅适用于安全眼镜,同样也适用于验光佩戴的眼镜。安全眼镜应符合劳动保护和医学标准要求。

(5)高强度安全帽。除了部门认可的消防头盔外,在直升机起降平台上还必须戴高强度安全帽,在直升机旋翼产生的很强的下洗气流下,很容易把安全帽吹掉,还必须采取加固措施。

5.8 加油设备

5.8.1 加油设备安全检查的强制性

海上设施有的配备了加油设备,有的没有配备,视海上设施远近和生产需求配置,没有配置加油设备的不需要此项检查。

配备了加油设备的海上设施的加油人员,必须经过《直升机加油程序》的专项培训,直升机所用航空煤油属于三类危险品,未经培训操作加油设备属高风险,不可接受。

航空煤油的油品质量对飞行安全至关重要,类同于人不能吃到污染食品,不容丝毫的差错,按照规程检查是强制性的。

加油设备检查分为日常检查和定期检查两类。无论是哪类都必须满足规定标准要求,确保设备和油品正常完好。

5.8.2 加油设备的检查

(1)加油设备

制造商设计和制造的Jet A-1燃油加注系统,适用于安装在海上移动平台或船舶上。这些设备的使用也应遵守船级社(如ABS船级社、DNV-GL和劳埃德船级社)的作业规范,以满足获得认证证书的最终要求。

(2)设备标识

必须确保在任何时候,从海上平台和船舶上加注到直升机里的航空燃油都是最高质量的。确保燃油质量得以维护和防止污染的一个重要因素是,根据航空公约"标识和颜色代码"的标准,在所有系统部件和管道上都要贴上清晰、明确的产品标识(例如Jet A-1)。正确的标识应在系统制造过程中提供,并在随后的维护检查中定期进行详细检查。

(3)须检查的设备组件

海上加油系统根据其设计的特点可能会有所不同。尽管如此,所有海上加油系统的基本功能都是类同的,燃油罐通常会分为运输罐、周转罐、加油罐三类。

用于海上运输的称做运输罐,燃油运输到海上输入周转罐(也叫沉淀罐),沉淀24小时以上,转输至加油罐,加油罐通过加油机、油管、油枪,加注到直升机。

注:现实生产中不少设施没有采用沉淀罐,而是把海上运输到的航油直接转输到给直升机加油的加油罐,缺少了沉淀24小时再转输到加油罐的过程,存在油品不确定的隐患,在给直升机加油之前务必细致地检查油品质量是否合格。

(4)设备安装布局及安全注意事项

在准备为海上平台(船)安装航空加油系统规划设计时,一定要规划好适当的间距,留出专用区,以便能合理地安排罐槽、泵送设备及分配系统的使用。另外,对那些可能会出现燃油渗漏的设备以及对这些渗漏废油所要采取的处理措施也应予以充分的考虑。

还应考虑航煤(Jet A-1)是一种易燃的碳氢化合物,但它相对于其他短链烃碳氢化合物而言还算是相对安全的燃料,它的闪点为38 ℃,并被设计为在引射到飞机发动机舱燃烧室后以雾化的形式被点燃。由于它不是被设计成在低于其闪点的温度下以液态形式燃烧,因此,系统设计时还应考虑到易燃危险品防范措施,以防止燃油暴露在热工点火条件下的隐患。在海上环境中航煤构成安全隐患。

接近热源可能需要考虑使用阻热设备。

在整个系统中,任何设备之间连接均须具备良好的搭铁线畅通导电,防止产生静电电荷,衍生火花。

应事先考虑系统组件由于热膨胀而导致的超压变形。特别是那些通过关闭安全隔离阀能从强制滤水分离器热膨胀阀上隔离的系统组件,更要有保护措施。

提供足够的保护措施,以防意外下落的物体(例如由于起重机操作)可能导致燃油在压力条件下不可控外溢。如果一旦发生这种情况,或有潜在可能,都应备有足够的应急处理措施以便把事故影响减到最低限度。

任何顶上设有开口且容易打开的油罐,都要具备锁定功能,或者进行简易的铅封,以便验证罐内油品未被污染或缺少。

5.8.3 油罐"接收"检查

在海上接收到一个油罐后,下列检查(表 5-2)由甲板接机员负责执行,尽管任务可能会被委托给其他相关人员。

表 5-2 油罐"接收"检查

序号	检查项目	实施措施
1	油罐铅封	检查所有进出口铅封是否完好无损,是否有任何迹象表明被篡改过
2	罐体	检查任何损坏的现象,例如凹陷或深划痕。报告任何发现的凹陷,因为这可能意味着碳钢罐内壁的底漆层已遭损坏
3	油罐加注/排放装置及取样阀	检查有无损坏,用手指在法兰和螺纹连接处揩拭,检查是否有渗漏的迹象。检查防尘帽堵盖是否在位
4	油罐起重装置	检查吊耳、吊索和吊架是否有损坏的迹象
5	罐顶装置	检查所有的配件是否在位、清洁,所有防尘帽都装好。确认阀门关闭,舱盖盖紧
6	油罐标签	检查油罐标识和序列号是否清楚及油罐的容量。检查"Jet A-1""易燃 UN1863"和"海洋污染物"标签是否在位,油罐容量标记是否可见

每周例检。每一个周转罐,无论是满的还是空的,陆上的还是海上的,都要每周进行一次检查,就像上面的"接收"检查一样,以确保油罐符合标准仍然可以使用。每周例检主要侧重于有无损坏及渗漏方面;如果油罐在使用中,则无须检查铅封的完整性。完成的检查应在"使用报告"上签名存档。

第6章　直升机的货物(行李)装卸

从直升机上装卸货物(行李),是直升机甲板接机工作人员必做的工作之一。在多年的工作和培训中发现,工作人员装卸货物的质量不但影响直升机运行的效率,同时还会影响直升机运行的安全。在以往的工作中,有因货物装卸错误影响直升机正常起飞的,也有因甲板工作人员的误操作将行李舱的手柄弄断的案例,使直升机不适航的。对直升机的货物装卸进行规范以及对相关机型货物的装卸注意事项加以明确很有必要。

6.1　直升机货物(行李)装卸规范与注意事项

6.1.1　货物装卸规范

(1)装货物(行李)之前必须保证不是危险品或者危禁物品,大件物品预先考虑装卸方案。

(2)进、离直升机甲板及装卸搬运货物(行李)均须行走划定的安全路线。

(3)在甲板指挥员和飞行员的指挥监控下实施装卸工作,尤其直升机不关车状态下装卸货物(行李),保持正常有序很重要。

(4)直升机未降落甲板之前禁止将货物(行李)搬放在直升机甲板上。

(5)装卸货物(行李)时严禁磕碰损伤直升机,所装货物(行李)在飞行员的指挥下系留固定牢靠,装卸货物(行李)均须认清挂牌,防止错误装卸或遗漏。

6.1.2　注意事项

(1)检查行李(物品)包装牢靠,严禁松散或可吹起物品装机。

(2)飞行两个(含)以上作业点的行李(物品)必须挂标识牌。

(3)严禁渗漏液体物品装机。

(4)严禁乘机人员随身携带行李,特殊必需的须经机长查验同意。

(5)根据离机顺序确认行李摆放顺序,方便提取,节省时间。

(6)行李有序摆放,合理利用行李舱有限空间,大件行李摆放在底部,电脑包等含易碎品的行李放在顶部。

(7)部分机型,例如 AS332,如果需要在尾梁里摆放行李,须经机长同意,如图 6-1 所示。

图 6-1　AS332/EC225 尾梁放行李要求

(8)部分机型,例如 EC225,装卸行李时,注意勿触碰 CPI(应急定位发射机,图 6-2、图 6-3)开关。

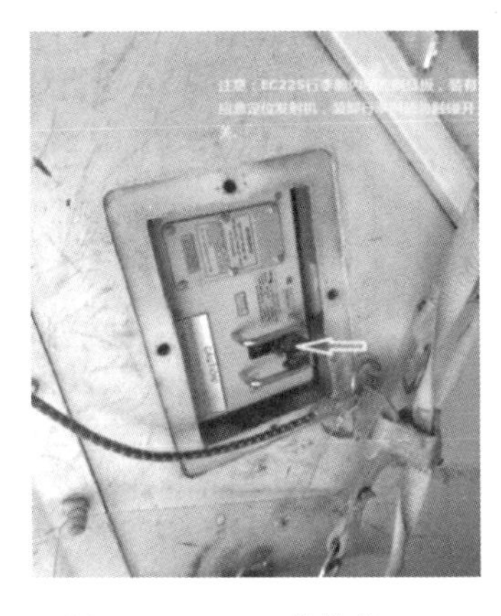

图 6-2　EC225 货舱的 CPI

图 6-3　EC225 货舱的 CPI(特写)

(9)货舱行李装卸完毕后,必须将行李防护带扣好并锁紧。

(10)大件货物放置在客舱中时,须在客舱地板上铺设防压木板,并将货物用系留带拉紧固定在客舱地板上,防止在飞行中发生位移或滚动,固定好之后必须由机长检查确认。

(11)在客舱内运输大件货物(长度超过 1.5 m 或重量超过 40 kg)作业时，不允许在客舱内搭载乘客。

(12)原则上载客飞行时，客舱内不允许装载行李，如须装载行李，必须得到机长的批准，只允许将行李放置在指定区域固定好，并且不能影响应急出口。

6.2 常用直升机机型装载要求

6.2.1 EC225 行李舱参数和装载要求(表 6-1、图 6-4～图 6-11)

表 6-1 EC225 客舱门和行李舱门尺寸参数及地板承重限制

<table>
<tr><th colspan="8">EC225 机型</th></tr>
<tr><td>EC225 机型尺寸限制</td><td>长(m)</td><td colspan="2">宽(m)</td><td>高(m)</td><td colspan="2">地板承重</td></tr>
<tr><td>客舱入口</td><td></td><td colspan="2">1.19</td><td>1.35</td><td colspan="2">800 daN* /m²</td></tr>
<tr><td rowspan="2">货舱入口</td><td rowspan="2">0.73</td><td>上</td><td>0.60</td><td rowspan="2"></td><td>250 kg</td><td rowspan="2"><350 kg</td></tr>
<tr><td>下</td><td>0.57</td><td>250 kg</td></tr>
<tr><td>尾梁</td><td></td><td colspan="2"></td><td></td><td>50 kg</td><td>75 daN/m²</td></tr>
</table>

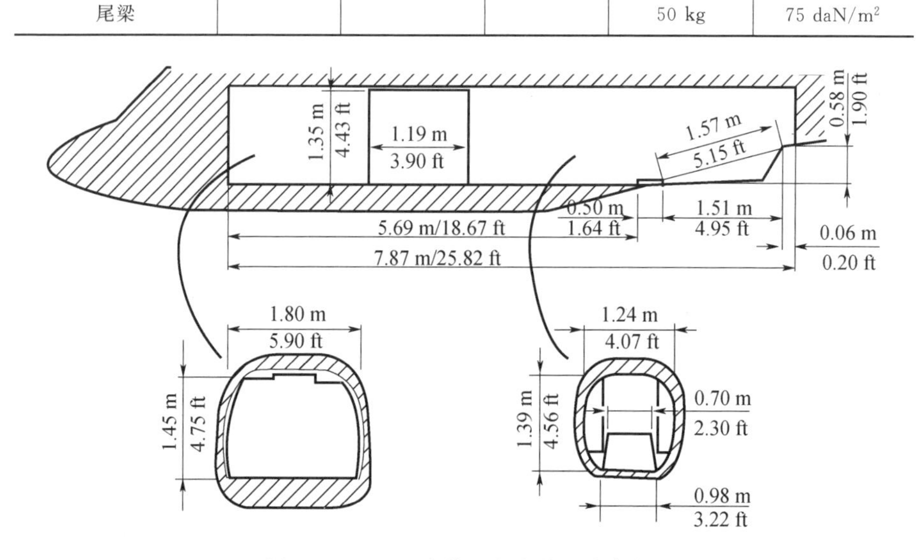

图 6-4 EC225 客舱和行李舱尺寸参数

* 1 daN=10 N，da 是一个构成十进制倍数单位的 SI 词头，代表的因数为 10 的 1 次方，即 10 倍。下同。

(1)如图 6-4 所示,EC225 客舱门宽 1.19 m,高 1.35 m,当需要在客舱装载大型货物时,不要超过客舱门尺寸,以便搬运。

(2)EC225 行李舱分为上、下两层,舱门尺寸如图 6-4 所示。行李舱上、下层可单独承重 550 磅[①](约 250 kg),同时装载时总重不能超过 770 磅(约350 kg)。

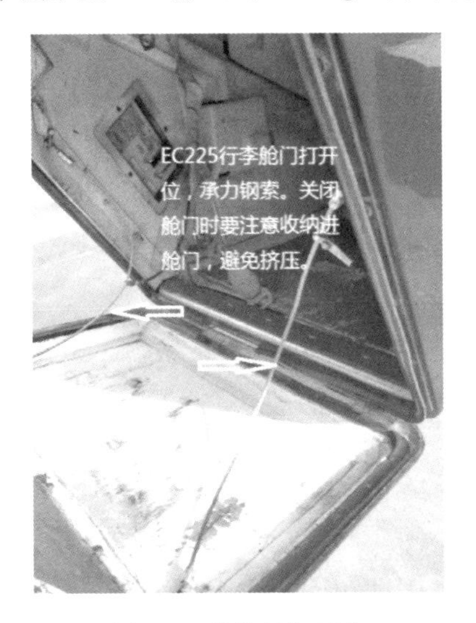

图 6-5 货舱门打开位

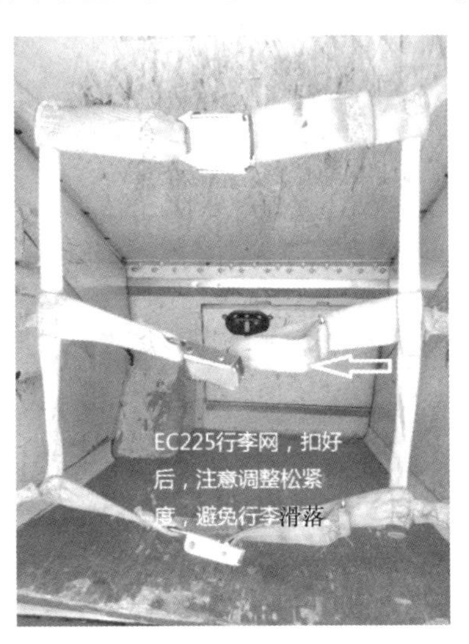

图 6-6 行李网

图 6-7 承重限制

① 1 磅(lb)=0.4536 千克(kg)。下同。

图 6-8　单位面积承重限制

图 6-9　踏板承重

图 6-10　关闭时注意事项

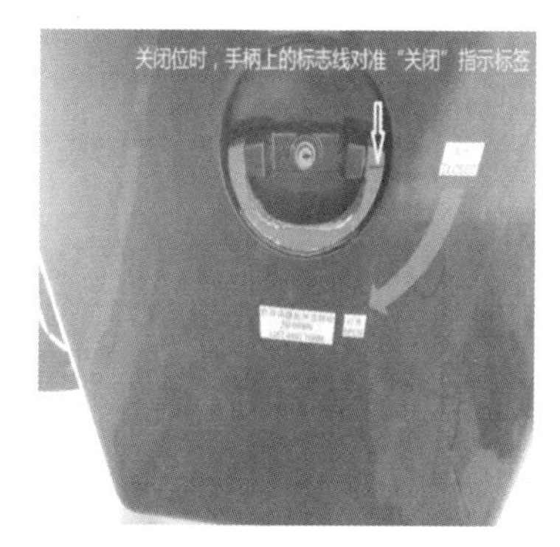

图 6-11　货舱门手柄(关闭位)

6.2.2　AS332 行李舱参数和装载要求(表 6-2、图 6-12～图 6-17)

表 6-2　AS332 客舱门和行李舱门尺寸参数及地板承重限制

<table>
<tr><th colspan="7">AS332 机型</th></tr>
<tr><td>AS332 机型尺寸限制</td><td>长(m)</td><td colspan="2">宽(m)</td><td>高(m)</td><td colspan="2">地板承重</td></tr>
<tr><td>客舱入口</td><td></td><td colspan="2">1.3 m</td><td>1.35 m</td><td colspan="2">800 daN/m²</td></tr>
<tr><td rowspan="2">货舱入口</td><td rowspan="2">0.76 m</td><td>上</td><td>0.7 m</td><td rowspan="2"></td><td>250 lb</td><td rowspan="2">80 lb/ft²</td></tr>
<tr><td>下</td><td>0.98 m</td><td>550 lb</td></tr>
<tr><td>尾梁</td><td></td><td colspan="2"></td><td></td><td>120 lb</td><td>15 lb/ft²</td></tr>
</table>

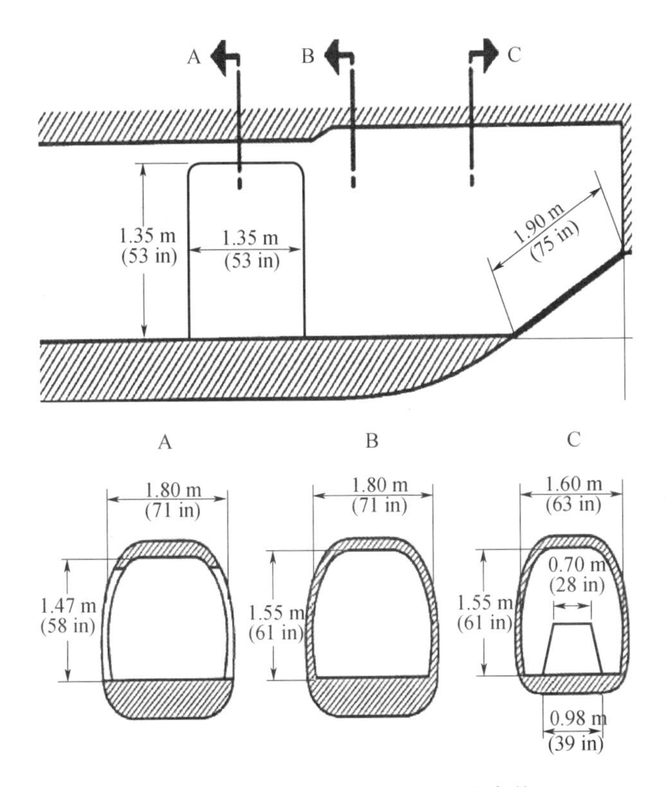

图 6-12 AS332 客舱和行李舱尺寸参数

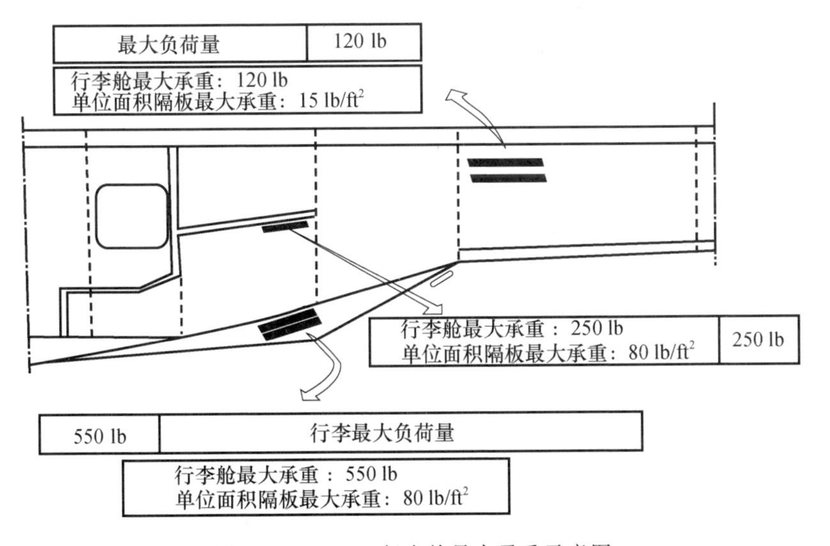

图 6-13 AS332 行李舱最大承重示意图

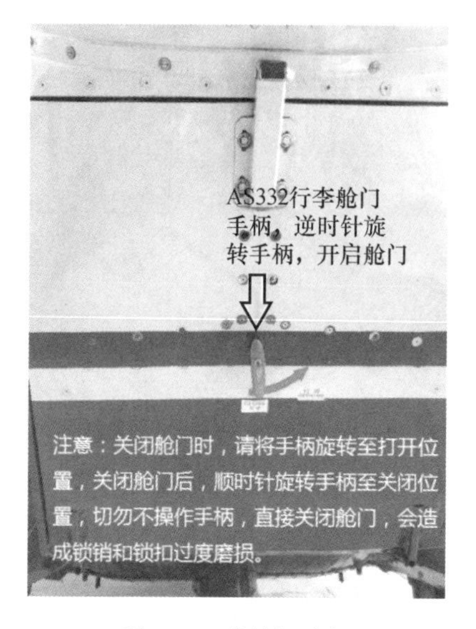

图 6-14　货舱门手柄

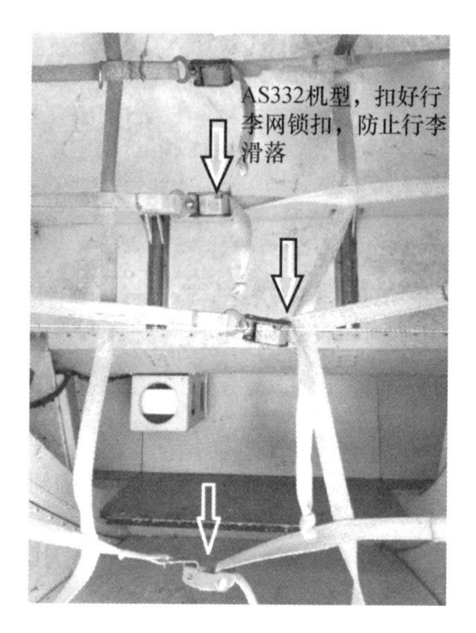

图 6-15　行李网

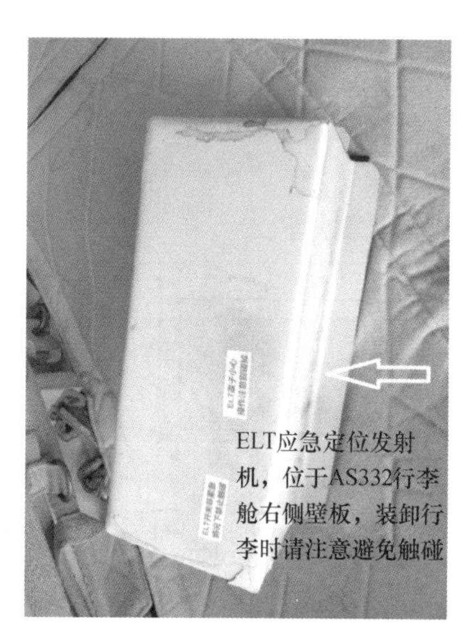

图 6-16　ELT

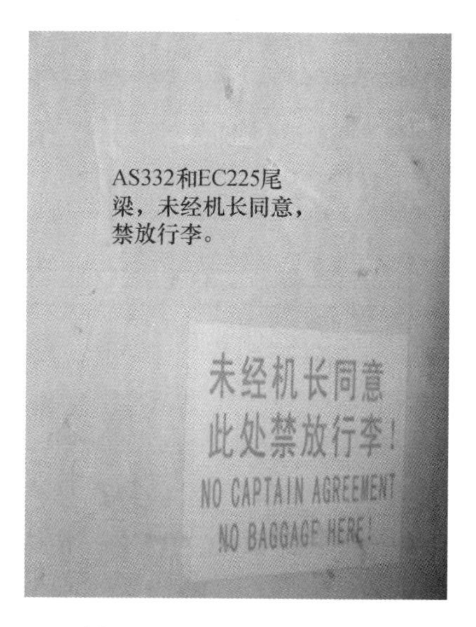

图 6-17　尾梁处放行李要求

6.2.3 EC155 行李舱参数和装载要求(表 6-3、图 6-18～图 6-21)

表 6-3 EC155 客舱门和行李舱门尺寸参数及地板承重限制

EC155 机型				
EC155 机型尺寸限制	宽	高	地板承重	
客舱入口	1.64 m	1.34 m		
货舱入口	0.73 m	0.69 m	295 kg/m^2	最大:300 kg
客舱 9°框附近			610 kg/m^2	

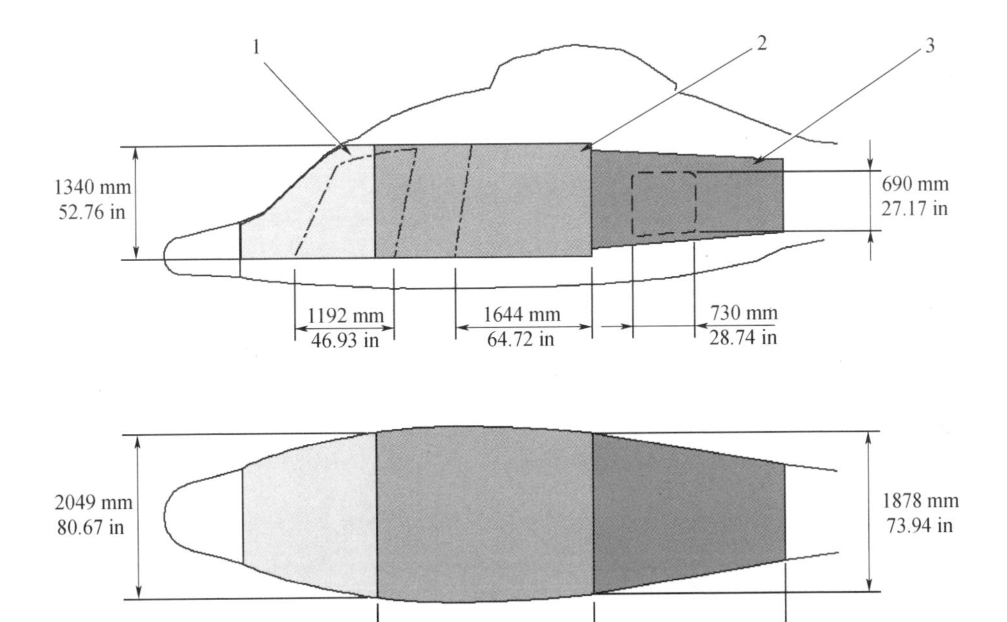

图 6-18 EC155 客舱和行李舱尺寸参数

(1. 黄色为驾驶舱;2. 绿色为客舱;3. 蓝色为行李舱)

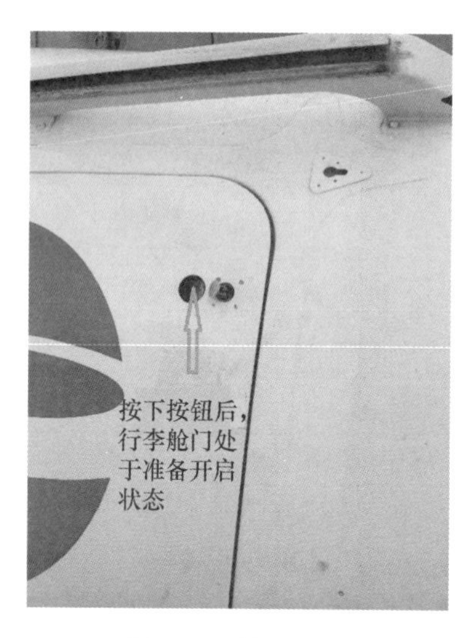

图 6-19　舱门按钮

图 6-20　上下按开

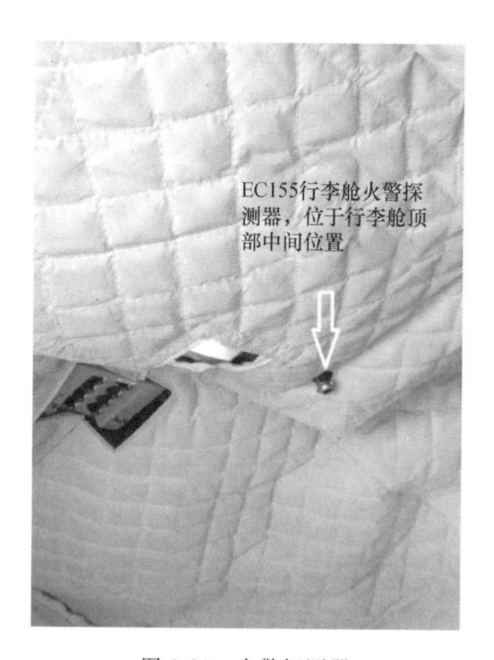

图 6-21　火警探测器

6.2.4　S92 行李舱参数和装载要求（表 6-4、图 6-22～图 6-30）

表 6-4　S92 客舱门和行李舱门尺寸参数及地板承重限制

S92 机型				
S92 机型尺寸限制	宽	高	地板承重	
客舱入口	1.25 m	1.74 m	366 kg/m²	976 kg/m²
货舱入口	1.79 m	上层 0.8 m	454 kg	976.5 kg/m²
		下层 0.6 m		

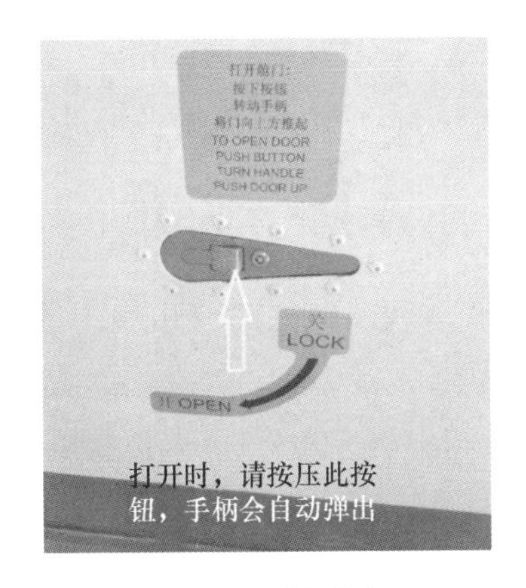

图 6-22　手柄按钮

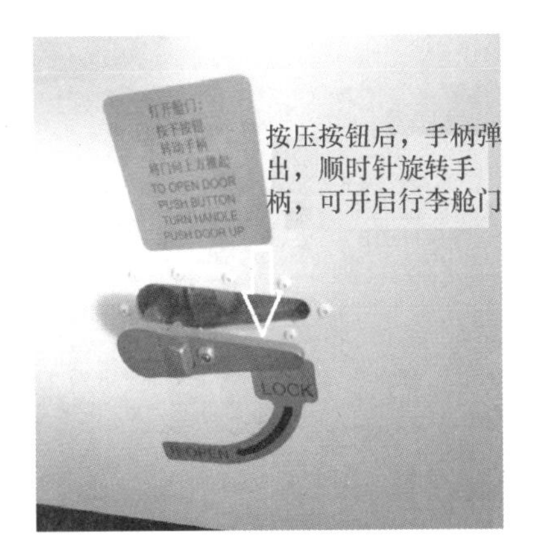

图 6-23　旋转手柄

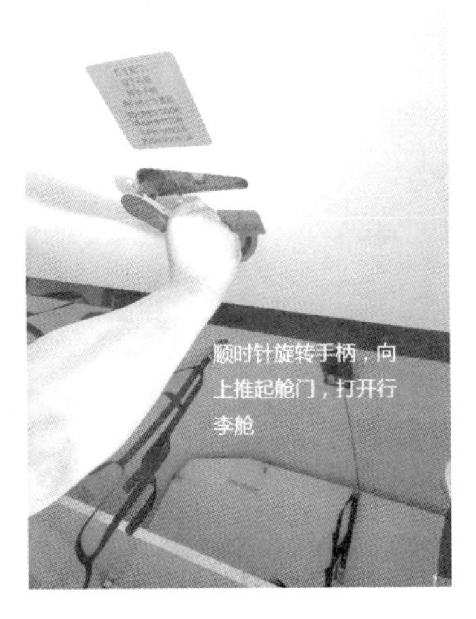

图 6-24　打开行李舱

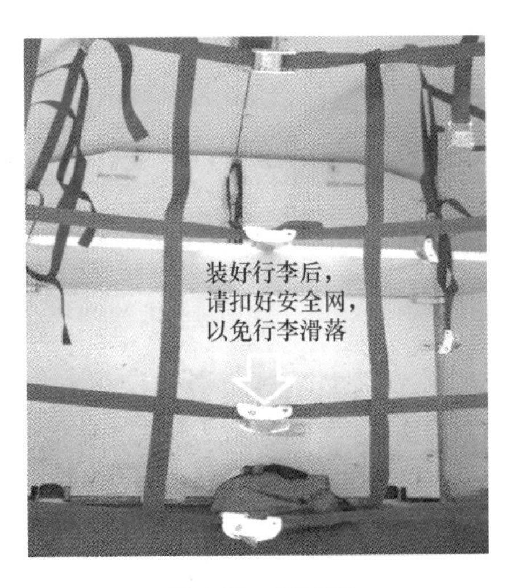

图 6-25　行李网

图 6-26　行李舱上层承重限制

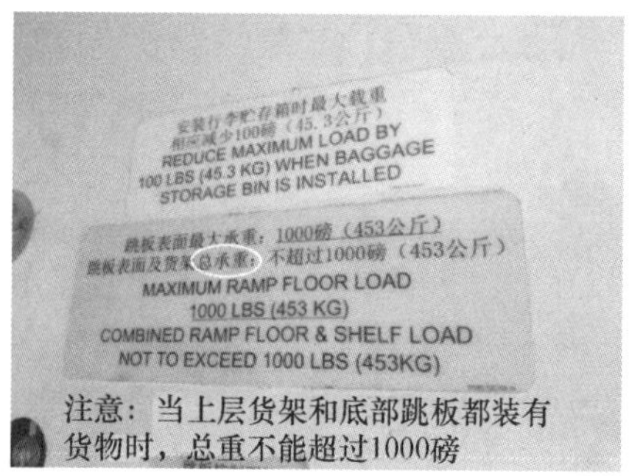

图 6-27　总承重限制

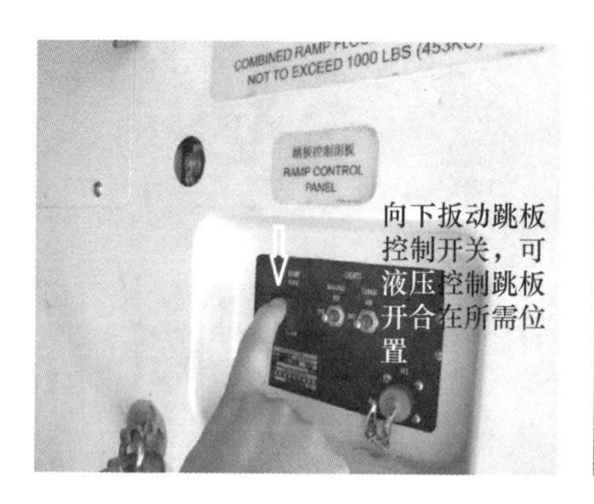

图 6-28　跳板控制开关

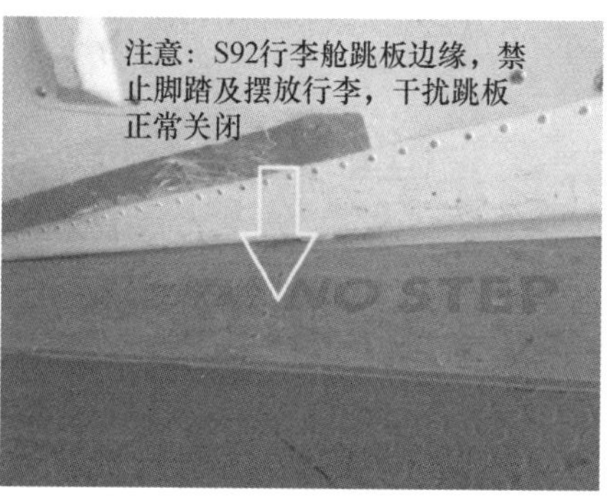

图 6-29　禁止踩踏跳板边缘

图 6-30　行李勿超红线

第7章　直升机通信与联络

7.1　通信与联络基本要求

直升机甲板指挥员必须了解掌握海上作业平台与直升机之间的通信联络方法，甲板报房话务员需要进行对空话务专业培训，满足上岗操作的基本条件。

话务员必须熟练操作甚高频（VHF）、高频（HF）、调频（FM）电台和中波导航台（NDB），不仅如此，海上作业的多数话务员还兼任着气象观测和气象信息通报的任务，需要进行专门的气象培训，掌握气象自动观测设备或风向、风速、气压、温度、摇摆（俯仰、横滚）仪的使用，具备条件的海上平台建议安装平台动态参数和天气监测系统（HMS），以提高观测的准确率，提高安全保障能力，提高飞行生产效率。

7.2　通信联络责任

（1）总体要求

①海上作业平台经理（责任人）应任命直升机甲板指挥员、话务员，明确其通信联络、气象保障的责任，确保人员健康安全，能力胜任岗位工作。

②保障海上作业平台与岸上、船舶、守护船、直升机和其他海上作业设施之间的通信联络畅通。

③如果直升机即将在一个临时的无人监守的海上平台上起降，则应与附近的守护船或者陆地总部取得畅通的联系，了解掌握直升机甲板是否适合直升机起降，未获得准确信息、安全无保障不得起降。

④话务员负责收集海上平台（船）的下列信息：

气象和海况信息，海上平台（船）的摇摆度，可供直升机加注的航油数量，直升机甲板完好状况，位置经纬度，电台频率，周边有无其他设施或船只，有无火炬非正常熄灭，有无碳氢化合物、硫化氢泄漏，甲板整体安全状况是否适合直升机起降。每次直升机计划从机场起飞之前至少1小时通报机场，供飞行机组做充分的飞行前准备。同时，报告直升机甲板指挥员。

(2)直升机甲板指挥员通信联络的责任范围

在直升机作业之前和作业期间，直升机甲板指挥员必须通过适当的手段最好是手持电台(或手势、言语或其他方式)保持好与下列人员之间的良好通信联络：海上作业平台经理、无线电台话务员、飞行员、吊车操作员、周边船舶及守护船联络员、消防员、加油人员、货物(行李)装卸人员以及其他与直升机作业相关联的人员。

直升机甲板指挥员配带的手持电台频率应与话务员、飞行员的电台频率一致，保持随时可以通话联络。

直升机甲板指挥员必须熟悉掌握对空话务基本知识，熟悉对空通话程序，以及使用电台的各种限制，不妨碍飞行员通话、少占用频率。

直升机甲板指挥员不同于空中交通管制员，不具备空中交通管制的权力，但可以且只能承担起告知诸如“起降平台已无障碍物”“起落架仍在收起位置”等作用。

(3)报房话务员与直升机甲板指挥员之间应遵守的正确转换程序

当直升机进近时，电台话务员将按照如下示例呼叫：

“7128——这是NHFX电台，呼叫直升机平台起降协调员——直升机起降平台是否无障碍物允许飞机落地?”

在被呼叫后，如果可以安全落地，直升机甲板指挥员应回答如下：

“7128——这是NHFX—HLO——起降平台上无障碍物，可以落地。”

或者说因什么原因，不可以落地，要推迟多少分钟?

平台起飞的正常通信程序是：直升机准备起飞时主动呼叫报房“NHFX报房，这是7128，油量××，机上人数××，准备起飞，下一站××”。报房告知收到，可以起飞。机组同时给甲板指挥员大拇指手势，甲板指挥员回应大拇指手势表示可以起飞。

7.3 电台静默程序

有时候，平台上需要停止一切电气活动，其中包括无线电联络。原则上，电台静默时禁止直升机起降，但如果下列条件均得到了遵守，直升机可以进行起飞和着陆。

(1)电台静默通知已事先发给了直升机运营公司。

(2)已安排了离着陆点20海里(约37 km)以内的另外一个海上作业平台在电台上值守报出有关着陆点的气象和空管信息。

(3)为每次起降都准备好了灯光信号。

①持续稳定的绿灯意味着:可以着陆而且吊车处于静止状态并在安全位置。

②持续稳定的红灯意味着:不能着陆还要等待空域以避开其他飞机。

③不断闪亮的红灯意味着:海上作业平台不能着陆,转飞其他地方或返回基地。

除上述之外,还要采用标准的甲板禁止着陆目视信号标识(图7-1),即一底色为红色正方形帆布块,上面叠以黄色的"X"字母。该正方形信号板边宽应为4 m,方能盖住起降平台上的"H"字母。该信号标识帆布块应保管在能随时启用的方便地方。

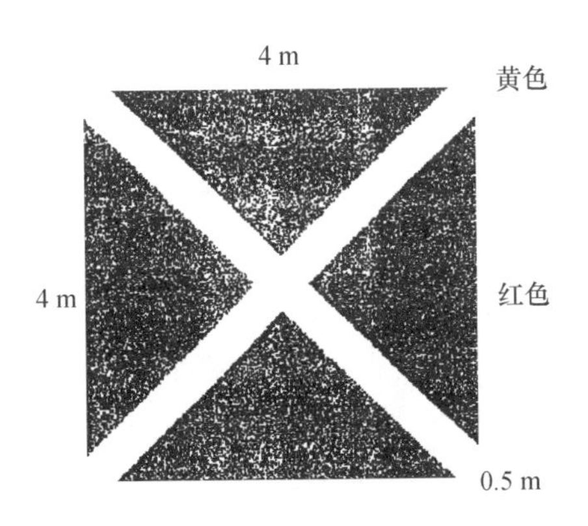

图7-1 甲板禁止着陆标识

(4)不准着陆:如果着陆区着陆不安全或因任何其他原因直升机甲板指挥员想提示飞行员不能降落(譬如起落架仍在收起位置)而又不使用电台联络的情形下,则依然应采用"电台静默程序"。如果还不行,则应采取最后一步,即直升机甲板指挥员站到起降平台的中央去,打出让其"爬升"的手势信号(见本章7.7节表7-2)。

在夜间,直升机甲板指挥员应站在飞行员清楚可见的位置上。

7.4 无线电联络标准程序

无线电台的有效使用极大程度取决于话务员讲话的方法和发音。鉴于发音显著不同的辅音通过无线电传输都很容易变得含糊不清，而且含有同样元音的音节以及长短相同的单词听起来也很容易混淆相仿，因此，发音时要特别注意。所有单词都应吐词清楚，每个单词结尾要清晰，避免连读，并应避免喊叫、故意加重音节或讲快的倾向。

应遵守下列几点。

①速度：讲话的速率应为恒速，既不要太快，也不要太慢。

②音高：高音度嗓音比低音度嗓音传输好。

③节奏：应保持平常交谈的自然节奏。

④麦克风：麦克风与嘴之间的距离应始终保持常距而且越近越好。

⑤数字：传输数字时应采用无线电专用数字语言，避免语音接近而含糊造成误解。所有数字或含数字的通话都要求对方复述。

⑥呼叫直升机代号：直升机代号为直升机的注册号或直升机操作公司指定的呼叫称号。一旦建立起满意的通信联络后，该呼叫代号可以简略。

⑦时间：所有国内航班使用北京时间，国际航班统一采用协调的世界时，24 小时制。半夜则称之为 24:00 时。如果不会产生混淆，通话中只需报分钟。当飞机给出位置报告但没有报时间时，则推定为报告当时的实际时间。

⑧重复(矫正)：在通话中发生口误要进行矫正时，要先讲出“矫正”一词，后接正确的词语，从出错词的前一个单词或词组开始。

如果对通话中自己是否讲对无把握，则要求对方全部或部分复述。

如果要求对方将整个内容复述，则应讲出“请再讲一遍”。

如果要求对方将某一部分内容复述，则应讲“请将……之前的话(即听清楚的第一个单词之前的话)再说一遍”。

或者“我再复述一次……”(未听清部分之前的一个词)“至……”(未听清部分之后的一个词)。

或者“我将……之后的话全复述一遍”(听清的最后一个词)。

根据相应情况可复述专题特定项目，譬如“请复述高度”“我复述一下风向”等。

电台调试程序

试台通话应包含以下内容：

①被呼叫的航空电台的呼叫称号；

②呼叫台的呼叫称号；

③说出“试台”一词；

④所用频率。

对试台通话应回答如下：

①呼叫台的呼叫称号；

②回答台的呼叫称号；

③告诉是否做好了试台通话准备。

示例：

“南头塔台，这是7128，电台测试118.5。”“7128，清晰级别为5。”或“7128，这是塔台，清晰级别为3，有较强的口哨背景声。”或“呼叫台，清晰级别为X。”

遇险呼救和紧急通话

空中交通遇险呼救相对所有其他通话有绝对的优先权。遇险呼救应首先在现用频率上传给空中管制电台。所有听到呼救的电台都必须立即停止任何可能干扰空中交通遇险呼救的其他通话。

收到呼救信号应回答确认收到。

遇险呼救信号词语为“MAYDAY”，紧急信号词语为“PAN-PAN”，最好连呼三次，随后尽可能报告下列内容：

①呼救台名称(在时间和情况都允许的情形下，视情况而定)；

②呼叫代号；

③机型；

④紧急情况的性质；

⑤机长意图；

⑥目前位置或刚才所知位置；

⑦飞行员资历，如飞行学员或仪表级别等；

⑧任何其他有用信息，如剩余续航能力或机上人数等。

凡事关遇险呼救的随后通话都应以“MAYDAY”或“PAN-PAN”一词开头。

空中交通管制电台应下达如下指令，强制所有使用遇险呼救频率(呼救时所用频率)的电台不用发话：

“All stations, this is (…) stop transmitting, MAYDAY.”

当飞机解除危险后，应下达如下指令解除险情：

“All stations, this is (…) distress traffic ended out.”

在收到遇险呼救后(通常为空中交通管制的责任而不是直升机甲板指挥员的责任)：如果直升机甲板指挥员收到遇险呼救，必须立即通知海上作业平台经理和电台话务员，以便能按海上作业平台的应急程序手册采取相应的措施。

无线电台标准术语

下列术语将在无线电通话中酌情使用并将具有下面所给含意：

术语	含意
告知收到	请告知你已收到并理解该信息
回复确认	是
批准	允许采取所建议的行动
停顿	表示信息之间分隔开
取消	废除先前发出的许可
检查*	审查在规定条件下的某一体系或程序
允许	被批准按规定条件进行
确认*	我收到的下列……电文是否正确？ 或 你是否正确地收到了该电文？
联系*	与……建立无线电联系
正确	对
修正	刚才所发电文有错，正确的应为……
不要理睬*	把刚才所发电文当做未发出一样
你接收的效果怎样	我发的电文清楚吗
我再重复一遍	为了澄清或强调，我重复一遍
监听*	在某频率上留心听
否	不，或不允许或不对
报文完，请回复	我的电文已发完，等你回答
报文完，不必回话	这次通话结束，不必再回答
请发出你的电文	请开始发你的电文
请向我复述一遍	请把你收到的该电文的全部或具体某一部分原原本本向我复述一遍
报告	请把我要求的情报传来
要求*	我想知道……或我希望得到……
已收到	我已收到你前面发的全部电文

---

* 在任何情况下都不能用于回答须直接肯定或否定回答的问话中。

请再说一遍　　请将你前面发的电文的全部或其后面的部分重复一遍
请讲慢一点　　请放慢你讲话的速度
请等待　　请等一等，我还会叫你
注：不可假设随后会给予许可。
查证　　检查并确认
WILCO　　我听懂了你的电文并将遵照执行

频率

航空通信联络只能在民航部门指定频率波段上使用。不同的国家或区域频率有所不同。

① 航空器无线电用频率波段

导航机——NDB——190～770 kHz

超短波——VHF——118～135.975 MHz

应急频率(遇险发出信号)——VHF——121.5 MHz

短波——HF(SSB)——2～29.9999 MHz

导航仪——VOR——108～117.95 MHz

调频电台——FM ——138～174 MHz

测距仪——DME——962～1213 MHz

应答机——ATC——模式 A：

编码 7700——紧急情况

编码 7600——无线电失效

编码 7500——非法干扰

编码 2000——进入雷达管制区域，并需要雷达服务

编码 7000——在雷达管制区域运行，但不能收到雷达服务

编码 0000——应答机不可用

②地面设备用无线电频率波段

导航机——NDB——150～770 kHz

超短波——VHF——100～150 MHz

短波——HF——2～30 MHz

③无线电共分为 9 个波段

甚低频(VLF)、低频(LF)、中频(MF)、高频(HF)、甚高频(VHF)、特高频(UHF)、超高频(SHF)、极高频(EHF)和至高频，对应的波段分别为甚(超)长波、长波、中波、短波、米波、分米波、厘米波、毫米波和丝米波(后 4 种统称为微

波)。见表7-1。

表7-1 无线电频谱和波段划分

<table>
<tr><th>段号</th><th>频段名称</th><th>频段范围
(含上限不含下限)</th><th colspan="2">波段名称</th><th>波长范围
(含上限不含下限)</th></tr>
<tr><td>1</td><td>甚低频(VLF)</td><td>3～30千赫(kHz)</td><td colspan="2">甚长波</td><td>100～10 km</td></tr>
<tr><td>2</td><td>低频(LF)</td><td>30～300千赫(kHz)</td><td colspan="2">长波</td><td>10～1 km</td></tr>
<tr><td>3</td><td>中频(MF)</td><td>300～3000千赫(kHz)</td><td colspan="2">中波</td><td>1000～100 m</td></tr>
<tr><td>4</td><td>高频(HF)</td><td>3～30兆赫(MHz)</td><td colspan="2">短波</td><td>100～10 m</td></tr>
<tr><td>5</td><td>甚高频(VHF)</td><td>30～300兆赫(MHz)</td><td colspan="2">米波</td><td>10～1 m</td></tr>
<tr><td>6</td><td>特高频(UHF)</td><td>300～3000兆赫(MHz)</td><td>分米波</td><td rowspan="4">微波</td><td>100～10 cm</td></tr>
<tr><td>7</td><td>超高频(SHF)</td><td>3～30吉赫(GHz)</td><td>厘米波</td><td>10～1 cm</td></tr>
<tr><td>8</td><td>极高频(EHF)</td><td>30～300吉赫(GHz)</td><td>毫米波</td><td>10～1 mm</td></tr>
<tr><td>9</td><td>至高频</td><td>300～3000吉赫(GHz)</td><td>丝米波</td><td>1～0.1 mm</td></tr>
</table>

7.5 无线电通信

海上无线电台话务员操作程序(直升机作业)

空中交通管制:

国家、区域不同,空中交通管制也有所不同,以国内通用航空交通管制为例,简单的空域分为:①管制空域,即有雷达跟踪监视的空域,一般由民航空中交通管制部门负责空域安全和秩序管理;②非管制空域(即没有雷达监视跟踪),一般称做程序管制空域,多为通用航空飞行,在管制空域以外的空域飞行,基本上由航空公司自己承担空中交通安全责任,民航部门仅负责提供掌握到的航行情报,空中航行安全主要由机组负责,即承运人承担空中航行安全责任。

报警服务:由空域管辖主管的部门负责,掌握到的报,不掌握的不负责。

飞行监视跟踪:一般由民航空管部门或军方跟踪,也有航空公司自己跟踪的,发现航行危险及时提醒修正。

空管情报则由所在区域的空管当局管控。

7.5.1 正常程序

(1)当某一海上作业平台(固定式平台或移动式平台)计划接收某一直升

机降落时，平台上的无线电台操作员应在计划的起飞时间之前提前1小时向直升机操作公司发出“天气状况”报告。

(2)在直升机接近预达时间时，电台话务员应在相应频率上监听，并将当前平台的天气实况、任何航路和装载要求的细节准备好以备直升机呼叫时回答。

(3)在直升机与海上作业平台建立起通信联络后，应记录下直升机的预达时间，并通知直升机甲板接机人员提前做好接机准备。

(4)一旦被告知从现在起由海上作业平台进行飞行跟踪，电台话务员就将负责将情报传递给所有在该海域活动的其他飞机(即任何在其同一空中频道频率上的飞机)。电台话务员还要负责提供话务值守和飞行情报信息服务，直至直升机机组通报他与另一平台或空中管制单位取得联系，由新接收联络单位即时起负责飞行跟踪。

(5)在承接了飞行跟踪任务之后，预达时间或修正后的预达时间之前5分钟，电台话务员应向直升机甲板指挥员报告以获取“平台允许降落权”并通知直升机机组“平台可以降落”。

(6)如果直升机在超过预达时间后5分钟内还未降落并失去了双向通信联络，即不能确立飞机的位置及情况，则应按照后附的“应急程序标准”启动应急程序。

(7)直升机在海上作业平台上一落地，就应用电台(或其他联络方式)立即通报直升机运营公司“飞机已抵达某某平台”。

直升机再次起飞前，飞行员将发出飞行计划和装载信息细节，该飞行计划和装载细节舱单(注：飞行计划细节舱单将构成“飞机再次起飞电文”的基础资料)必须一式多份并且电台话务员必须予以复述确认。装载舱单必须记录下来并保存至少28天。

(8)从平台起飞时，飞行员呼叫“准备好起飞”，电台话务员必须回复确认，即时起负责提供“飞行信息情报服务”，直至直升机机组告诉与下一联络单位建立双向通话，飞行跟踪也转交给下一个联络单位为止。

(9)直升机从起飞后，应立即向直升机操作公司发出“飞机起飞电台报告”。

注1：虽然要求“抵达”和“起飞”电报都要发，但如果落地与起飞之间的周转时间不超过15分钟，则两个电报可合并成一个发出。如果计划的是多平台落地航路，则“抵达电报”就显得极其重要。

注2：如果“抵达”和“起飞”电报要用传真或邮件方式发出，则要注意电报

的格式应采取标准的格式，而且电报只发给直升机操作公司（作为存档资料依据，视双方需要）。

注3：电报模式比较烦琐，若无强制性要求，建议不采用。但必须采取新的替代方式，如对空通话录音、邮件、微信、QQ传递等同效方式，电报起飞、预达、到达时间是民航空中交通管制部门强制性的要求，必须做到并记录完整清晰，保存期限按照民航部门的规定执行。

7.5.2 应急程序

(1)航行报警

空中、地面失去联络，又无空中监视设备无法看到飞机的空中航迹位置，对空中飞机状况失去掌控的情况下，必须立即启动“应急程序”。

在下列情况下应采取应急行动：

①当直升机未能在最后报告的预达时间后5分钟内在目的地降落，而且无法重新与其建立起通话联络；

②在途中听不到直升机呼叫的时间超过了15分钟并无法重新与其建立起通话联系；

③收到“遇险求救”呼叫时。

(2)应急行动

①按照海上平台直升机应急预案、直升机操作公司应急预案程序步骤启动应急响应；

②双方的应急预案平时必须放置在醒目且随时可以拿到的位置；

③尤其是应急联络电话应制作在一张表中随时可以拿在手上；

④平时必须按照应急预案周期实施演练，保障启动应急响应时忙而不乱，紧张有序，处置得当；

⑤应急处置不容失误，失误必被追责。

(3)应急信息

以下应急信息不得延误：

①直升机代码及操作公司名称；

②直升机机型；

③起飞地；

④起飞时间；

⑤飞行时速、高度和航线；

⑥目的地和预达时间；

⑦上次通话的时间和方式(频率)；

⑧上次报告的位置和判断方法；

⑨报险单位所采取的措施；

⑩其他有关信息(包括在适当情况下建议采取搜救行动)。

7.6　气象

7.6.1　法规要求

海上平台(船)经理(负责人)必须任命气象岗位人员，保证其符合资质、能力胜任。

气象岗位人员任务：

(1)气象和海洋资料的收集提供。

(2)有关海上作业平台的摇摆度、是否需要进行稳固、作业平台的作业是否安全及平台上和平台附近的人员是否安全等方面的资料收集。

7.6.2　气象观测

(1)风

风是由风的方向和速度来计量的。观测中报告的风是由下列单位来确定的。

风向：以正北为基准，10度为单位计量。应当指明的是，风向始终是以来风方向确定方向的。

风速：往往以节为单位，但某些海上作业平台也可能用米/秒(m/s)为单位。

(2)气温

温度值往往是从放在标准百叶窗中的温度表上读取的，百叶窗的好处是它对雨水和太阳辐射起到了屏蔽作用，同时又能让空气在温度表周围自由流通。现在多数使用自动观测设备获取。气温一般以摄氏度(℃)来计量表示。

(3)气压

气压是作用在单位面积上的大气压力，用气压表测量。地球表面上任何一点上的大气压力是空气在该点单位面积上的重力。大气压力随大气高度的增加而减少，气压与高度的关系正是飞机气压高度表工作所依据的原理。为确保直升机降落在海上作业平台上时其气压高度表能指零，必须把一些气压表读数提前传给飞机。为了使在临界气象条件下传给飞机的气压表读数标准化，每个海上作业平台上都要放一对经校验过的气压高度表。用来安装高度表的箱子应放在与直升机起降平台水平高度的同一高度上，并且要加以保护，使其不受外界气象的影响，箱子周围不能有冰雪。气压高度表按如下程序进行调定：

——1 号气压高度表调定在标准气压 1013 hPa 上，调好后该标准气压值可见于刻度盘上。

——2 号气压高度表的刻度盘可以通过拧动表头旋钮来改动。注意观察随着刻度盘的改动指针也在转动。

——首先检查两高度表工作是否正常，将 2 号高度表的指示读数先调到 250 英尺*。这样就可检查出 2 号高度表上的指针是否转动自如。

——检查两高度表表盘上的玻璃罩内是否有湿气，玻璃面是否有裂纹等。

——转动 2 号高度表上的旋钮以得到 1013 hPa 的读数，检查所指示出的高度值是否与 1 号高度表指示之差只在 50 英尺以内。

——再拧动 2 号高度表的旋钮，将指针指示调定指零。

——读取下列指示值并传给飞机：

1 号高度表：大针所指示的高度（英尺/米）。

2 号高度表：当大针指零英尺高度时读取分度盘上的读数。

这样做是为了把分度盘上的读数传给飞行员时，飞行员可以调整飞机上的高度表使飞机降落在平台上时其高度表也指零。

现在气压值多数从自动观察仪读取。

Q——代码及其含义

QFE（场压）——在机场标高的气压（机场 QFE），跑道端头的气压（跑道尽头 QFE），直升机起降平台上的气压（直升机起降平台 QFE）。

QNH（修正海压）——在机场的平均海平面大气压力，即把一气压高度表放在地面上或直升机起降平台上，将其调到 QNH 后其分度盘所指示的高度为高出海平面的高度。

QNE（标准气压）——气压高度表放在地面或直升机起降平台上分度盘调到 1013.2 hPa 时所指示的高度。

（4）能见度

地面能见度是用选定的地面目标物（已知从观测站到选定目标物的距离）

---

* 1 英尺（ft）＝0.3048 米（m）。

来进行观测的。在海上由于作业平台的位置偏远,要这样观测可能办不到。但是,只要在该区域内能找到其他海上作业平台或船舶(譬如待命船舶)等固定目标,用雷达或图表测算出距离,就可给出估量的能见度。从飞行员的角度来说,天气能见度和云底高是最重要的观测要素。

(5)云层

云层观测需要大量的实践经验。一条首要的原则是对天空尽可能地勤观测,不能只在需要观测的时候才观测。云层观测包含三个要素:

①遮盖天空的云量。云量通常以 oktas 来表示 ,或以 FEW——少云、SCT——疏云、BKN——多云、OVC——满天云、SKC——无云、NSC——无重要云来表示。

②云的类型。对云的形成的了解来源于学习和观察。有各种图表可提供相当大的帮助。

③云高。对云高的估量起源于对云的类型的辨别。云的形成有三个级别,即低云、中云和高云,每一级别的云层都有其规定的高度段。

云顶高界定在有超过一半的天空被遮盖的高度处,譬如在 600 英尺高度上有 5 个云量。

云底高则是在最低高度处的任何云量,譬如在 200 英尺高度上有 2 个云量。

7.6.3 气象报告要素

海上作业平台话务员须报告下列气象要素信息:

(1)风向和风速;

(2)能见度;

(3)云量、云底高;

(4)大气温度(℃);

(5)QNH(修正海压)和 QNE(标准气压);

(6)QFE(场压);

(7)区域内有无闪电;

(8)俯仰和摇摆度报告:

如果是移动式海上作业平台,则要报告平台的俯仰、横向摇摆度、上下起伏度和平台的摆动方向及海浪状况等参数。

民航部门专门就移动式平台须采取不同的办法向飞机报告俯仰、横向摇摆和上下起伏数据规定了标准天气报告。下面报告是从民航文件中摘录下来的,其中规定了须遵循的报告格式。

向直升机报告俯仰和倾斜度，应报出偏离真实垂直基准线轴线的角度（即相对于真实水平线的角度），以术语“偏左”和“偏右”来表示。俯仰以术语“向上”和“向下”来表示。起伏度应为一个单一数字，代表直升机起降平台总的起伏（升沉）量，四舍五入成整的米数。起伏度可视为起降平台上下垂直摆动最高点与最低点之间的距离。

所报告的各个参数应是在直升机作业之前10分钟内所记录下的最大峰值。

示例：

船沿横滚轴线的摆动量为左舷1度、右舷3度（船舶都有向右舷倾侧1度的固有倾侧度，以此作为“虚拟基准线”，再向两侧横向倾侧2度），船沿俯仰轴线上下俯仰各2度，所记录下的最大起伏度为1.5米。

上面示例应按如下报告：

“横向摆动量为左1度、右3度；上下俯仰为上2度、下2度；上下起伏度为1.5米。”

直升机飞行员所关心的是着陆面的倾斜坡度，因此，所报告的横向摇摆度应是仅相对于真垂直线所测得的值，而不是相对于（因固有倾侧等造成的）任何“虚拟基准线”而测得的值。

7.6.4 直升机作业平台标准的气象报告

该报告应在直升机从基地起飞前至少提前1小时、临时不得少于25分钟发给直升机操作公司。

观测日期/时间：____年____月____日____时____分

风向	度（准确的）
风速	节
最大阵风	节
能见度	海里、千米或米
天气现象	雨、雾、薄雾等
云量	/8（八分之几或 oktas）
估计云底高	英尺
温度	℃（摄氏度）
QNH	毫巴
QNE	毫巴
QFE	毫巴（在起降平台平面的大气压力）
在平台所在区域是否见到闪电？	有/无

加油系统是否工作?	是/否
还剩有多少油?	升/加仑
航空甚高频频率	兆赫
NDB 频率和识别代码	千赫

如果已知回程载量,则简单报一下回程要载运的乘客数量、货物的大致重量,即使还会变化也是可以报的。

仅移动式平台(半潜式平台、船舶、驳船等):

最新位置	纬度/经度
航向	度
横向摆动	左____度和右____度
俯仰	上____度和下____度
起伏(升沉)	____米

7.6.5 恶劣天气的救助飞行

海上平台经理(负责人)要做出有效决断安排,其中包括超出平台以外的适合人员进行下列工作的安排:①对海上坠落人员实施救助;②对海上平台附近人员的营救;③把上述人员运到一个安全的地带。

救助须作分析评估来衡量可行性,确保救助安全、有序、成功、有效。

(1)概述

救助决定由平台(船)经理或船长作出,并及时报告陆地主管部门。一旦发生直升机在海上平台航行途中或海上平台附近迫降或飞行事故,获知信息必须立即启动救助。

在海上的任何地方都可能发生恶劣的气象条件,因此,获得最新的准确的气象预报资料对于提前作好直升机救助计划至关重要。

恶劣天气开始时所导入的一批相关的因素,石油和天然气公司的作业管理部门(包括陆上和海上的管理体系)必须予以充分考虑并仔细研判,以便能对常规的海上直升机作业飞行是否继续进行或是推迟或是完全取消作出谨慎的判断。

需加以说明的是,救助飞行包含了伤病急救飞行、平台人员撤离飞行和海上搜索救助飞行。

恶劣气象条件下实施救援飞行,海上作业平台经理或船长所作决定要听取陆上主管部门和直升机公司的意见,情况紧急可以先作决定,安全保障一定是要优先考虑的要素,救人可能会超出直升机正常操作标准,只要能够保障安全也是允许的。

(2)限制因素

尽管现代直升机具有在极端恶劣气象条件下安全作业的能力,但是在恶劣气象条件下(譬如大风、低能见度和海况恶劣)往海上作业平台飞行仍然有以下限制因素:

①平台人员使用平台外部通道进入直升机的能力。

②一旦发生直升机在平台附近海上迫降,对机上乘客和机组进行救助和打捞的能力。

③直升机在动态的平台(船)起降的极限限制是要遵守的(俯仰、横滚和上下起伏量),在海况、风速允许的条件下可考虑采用绞车救助。

(3)程序

恶劣气象条件下实施救援时间允许,可听取政府应急管理部门、石油行业主管部门、民航局方的意见。救援飞行是否暂停取决于天气恶劣的状况、风速、海况、能见度和其他一些标准要素(图 7-2、图 7-3)。

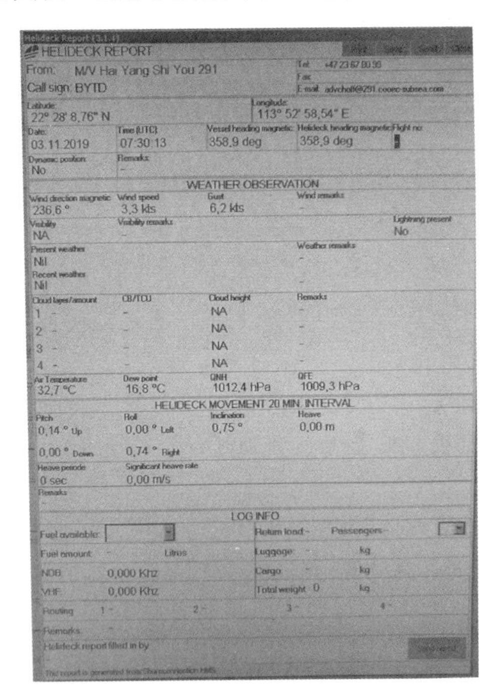

图 7-2 新的海上平台和天气要素参数监控显示系统(HMS)界面 1

直升机甲板指挥员必须与海上平台经理或船长认真地分析研究恶劣气象现场实况,之后决定救援方案。

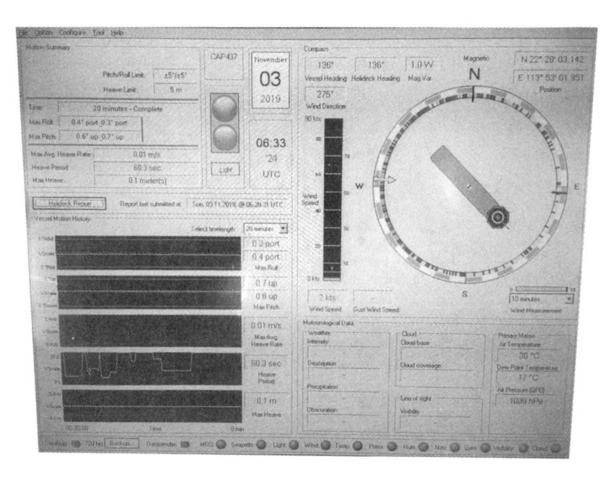

图 7-3　新的海上平台和天气要素参数监控显示系统(HMS)界面 2

7.7　直升机指挥手势

直升机指挥手势如表 7-2 和图 7-4 所示。

表 7-2　直升机指挥手势信号及含义

序号	信号说明	信号含义	信号	序号	信号说明	信号含义	信号
1	双臂重复向上向后的动作	向前移动		4	双臂水平外伸，掌心朝下，向下招手，双臂移动速度表示下降率大小	向下移动(下降高度)	
2	双臂置于胸前，向前旋转的动作	向后移动		5	一臂水平指向右侧，另一臂反复向所指方向挥动，示意直升机应向右移动(转向)	向右移动(转向)	
3	双臂水平外伸，掌心朝上，向上招手，双臂移动速度表示上升率大小	向上移动(上升高度)		6	一臂水平指向左侧，另一臂反复向所指方向挥动，示意直升机应向左移动(转向)	向左移动(转向)	

续表

序号	信号说明	信号含义	信号	序号	信号说明	信号含义	信号
7	双臂在身体下侧交叉	着陆		10	右臂举于头上水平画圈，同时左手指向发动机	启动发动机	
8	双臂两侧向下45°伸展	保持位置等待		11	右臂与肩同平，由右肩穿过咽喉前方划向左肩，同时左手指向发动机	关闭发动机	
9	双臂向两侧90°伸开	悬停		12	急速伸开双臂，举至头部上方，交叉挥动双臂	紧急停住	

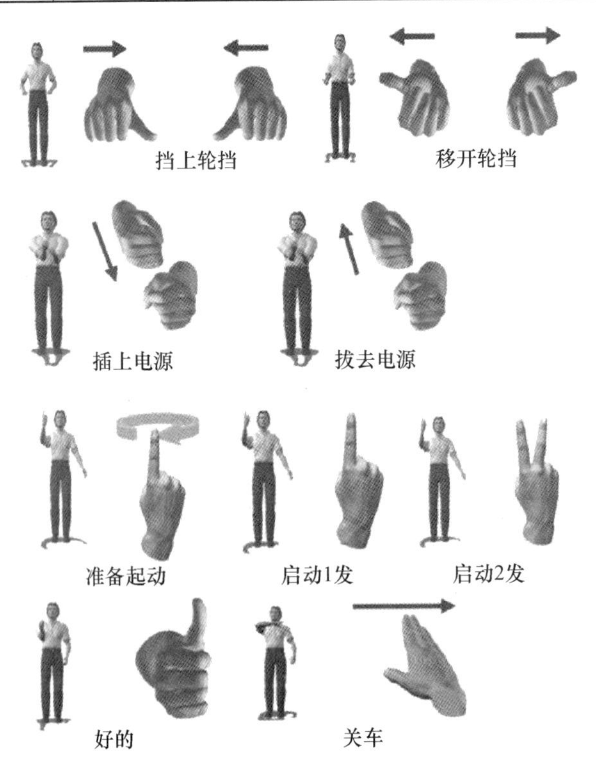

图7-4　直升机指挥手势图

第8章 直升机危险品安全运输

本章阐述的直升机危险品安全运输，旨在说明直升机作为航空器，如果载运危险品，要遵从相关国家的危险品规章或者法律规定。不同的直升机运营公司有不同的危险品运输要求，有相应的运输规范。例如，中信海直公司目前不具有危险品运输资质，一般情况下，不收运任何类别的危险物品，例外数量危险品除外。本章主要从直升机海上平台运输物品的实际出发，着重强调的是其实用性。

本章只是在遵从国际规章、规范的前提下，对直升机运输危险品常识做个简要阐述，由于航空运输危险品极其复杂，要求非常高，以下阐述的内容仅供培训交流使用。如果遇到与相关国家的法规或规章不一致的情况，遵从其规定。

国际航空运输协会（IATA）《危险品规则》（第60版）中的9.9说明了直升机运行中载运危险品的基本要求，直升机航空运输过程中，难免会遇到载运危险品的情况，因此，对托运人做相应的培训是必不可少的一个环节。

8.1 航空安全运输危险品的国际指引和文件

8.1.1 国际民航组织（ICAO）的芝加哥公约“附件18”（图8-1）

缔约国要求制定一套国际公认的与危险品航空运输有关的规定，该附件各项规定依据联合国专家委员会《关于危险货物运输的建议书》和国际原子能机构的《放射性物质安全运输条例》制定。

8.1.2 国际民航组织的《危险品航空安全运输技术细则》（图8-2）

国际民航组织文件《危险品航空安全运输技术细则》（简称《技术细则》）中有详细的技术资料，提供了一整套完备的国际规定，以支持“附件18”中的各项规定。“附件18”中规定了标准和建议措施，《技术细则》中列出了详细的安全空运说明。该文件每两年更新一次。

图 8-1 ICAO 芝加哥公约“附件 18”

危险品法律依据——国际有关法律

国际民航组织（ICAO）
《危险品航空安全运输技术细则》
（TI）/每两年更新一次

图 8-2 ICAO《危险品航空安全运输技术细则》

8.1.3　国际航空运输协会（IATA）出版的《危险品规则》（图 8-3）

航空业在实践中通常使用 IATA 的《危险品规则》（DGR）进行操作，该规则比《技术细则》的更新更频繁，它的要求通常与《技术细则》相同甚至更严格。与 IATA 的规则保持一致即自动满足《技术细则》的要求。

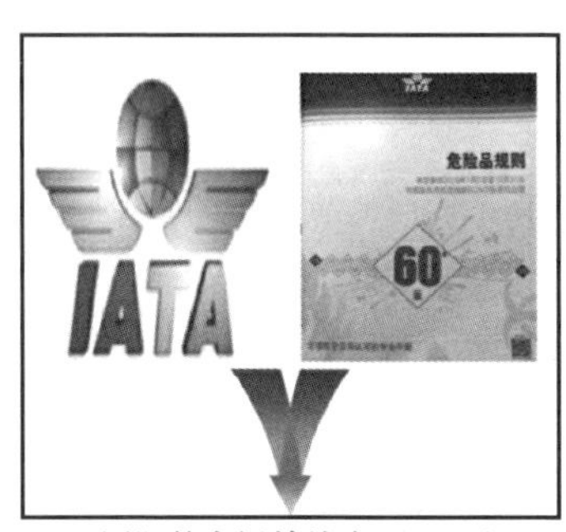

国际航空运输协会（IATA）
《危险品规则》（DGR）
/每年更新一次

图 8-3　IATA《危险品规则》

8.1.4　《民用航空危险品运输管理规定》（图 8-4）

在中国境内航空器从事任何危险品活动或者处理航空危险品事件、事故征候或事故，都要遵守交通运输部 2016 年第 42 号令《民用航空危险品运输管理规定》（CCAR-276-R1）的要求。

危险品法律依据——国内有关法律

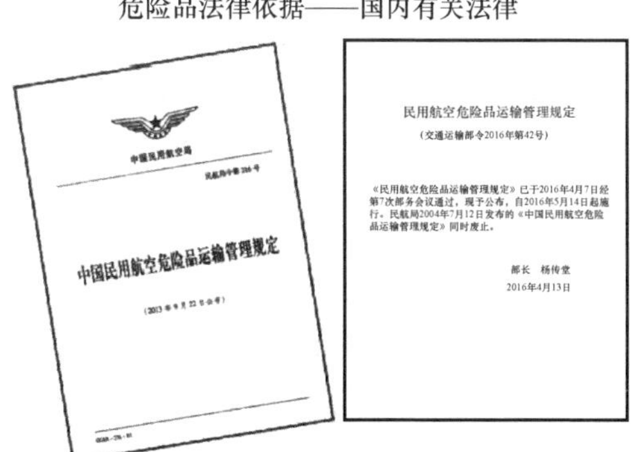

《民用航空危险品运输管理规定》（交通部2016年第42号令）
新修订后于2016年5月14日起施行，但简称仍是CCAR-276-R1

图 8-4　CCAR《民用航空危险品运输管理规定》

8.2 危险品运输的豁免条件

根据《民用航空危险品运输管理规定》,在中国境内运输危险品在以下几种情况下,可以对《技术细则》的规定予以豁免:

——情况特别紧急;

——不适宜使用其他运输方式;

——公众利益需要。

8.3 绝对禁止直升机运输的危险品

(1)在正常运输条件下,易爆炸、易发生危险性反应、易起火或易放出导致危险的热量、易散发导致危险的有毒、腐蚀性或易燃性气体或蒸气的物质,在任何情况下都禁止航空器运输。

(2)受感染的活动物。民航规章明确规定,受感染的活动物禁止航空器运输。因此,从海上平台上运往陆上的各种动物,原则上都不通过直升机运输,除非有动物检验检疫证明。

8.4 危险品的识别

8.4.1 识别依据

危险品识别的主要依据如下:

(1)根据货主、乘客提供的运输专用名称,在《危险品规则》4.2 表中进行查阅。

(2)包装、标签及有关标志。

(3)部分可运输的危险品的数量(如酒、个别化妆品等)。

(4)异味或刺激性的气味。

(5)衣物腐蚀,表面出现极热的点。

(6)异常声响。

(7)冒烟或着火。

8.4.2 隐含的危险品识别

一般情况下，申报的货物可能不明显地含有危险性物品，这样的物品可能在行李中被发现。在怀疑货物或行李中可能含有危险品时，应从托运人和乘客那里证实每件货物或行李中所装运的物品。经验表明，托运人在交运含有下列物品的包装件时，货物或行李中可能含危险品。

典型的例子如下：

(1) 汽车(轿车、机动车、摩托车)及其零部件：可能含虽不符合对磁化物质的规定，但可能符合特殊装载要求而可能影响飞机仪器的铁磁性物质。也可能含湿电池、气袋冲压泵/气袋舱等。

(2) 呼吸器：可能有压缩空气瓶或氧气瓶。

(3)公牛精液用具：可能使用固态二氧化碳或冷冻液化气。

(4)野营用具：可能含易燃气体(丁烷、丙烷等)、易燃液体(煤油、汽油等)、易燃固体(己胺、火柴等)或其他危险物品。

(5)化学品：可能含符合危险物品标准的物质，尤其是易燃液体、易燃固体、氧化剂、有机过氧化物、毒害品或腐蚀品。

(6)低温物品(液体)：温度极低，液化的，如氩、氖、氦、氮等气体。

(7)钢瓶：可能有压缩气体。

(8)牙科器械：可能含易燃树脂或溶剂、压缩或液化气体、汞和放射性物品。

(9)诊断标本：可能含有传染性物质。

(10)潜水设备：可能含压缩气体(例如空气或氧气)的钢瓶。也可能含高强度的潜水灯，在空气中开启能放出极大的热量，为了运输安全，灯泡或电池应保持断路。

(11)钻探及采矿设备：可能包括炸药和/或其他危险物品。

(12)电气设备：可能含磁性物质。在开关传动装置、电子管或湿电池中可能含汞。

(13)电动器械(轮椅、割草机、高尔夫球车等)：可能装有湿电池。

(14)探险设备：可能有炸药(照明弹)、易燃液体(汽油)、易燃气体(丙烷)或其他危险物品。

(15)冷冻胚胎：可能装有冷冻液化气体或干冰。

(16)冷冻水果、蔬菜等：包装内有可能加固态二氧化碳(干冰)。

(17)家用物品：可能含达到指标的任何危险物品。包括易燃液体如碱性溶剂的油漆、黏合剂、擦光剂、气溶胶、漂白粉、腐蚀性的烤箱或下水道清洗剂、弹药、火柴等。

(18)仪器:可能包括压力计、气压计、水银转换器、整流管、温度计等含有汞的物品。

(19)实验/试验设备:可能含达到指标的任何危险物品,尤其是易燃液体、易燃固体、氧化剂、有机过氧化物、毒害品或腐蚀品。

(20)机械备件:可能含易燃的黏合剂、油漆、密封胶和溶剂、湿电池和锂电池、汞、压缩或液化气体钢瓶等。

(21)磁铁或类似物质:可能单个地或累积地符合磁化物质的规定。

(22)医疗器械(同化学品):可能含符合危险物品指标的物品,尤其是易燃液体、易燃固体、氧化剂、有机过氧化物、毒害品或腐蚀品。

(23)金属建筑材料:可能含符合特殊装载要求却影响飞机仪器的铁磁性物质。

(24)金属栅栏:可能含符合特殊装载要求却影响飞机仪器的铁磁性物质。

(25)金属管材:可能含符合特殊装载要求却影响飞机仪器的铁磁性物质。

(26)旅客行李:可能含任何种类的危险物品,例如包括烟花、家庭用的易燃液体、腐蚀性的烤箱或下水道清洗剂、易燃气体或液体、打火机燃料储罐、野营炉的气瓶、火柴、弹药、漂白粉、气溶胶等。

(27)药品:可能含达到指标的各种危险物品,尤其是放射性物品、易燃液体、易燃固体、氧化剂、有机过氧化物、毒害品或腐蚀品。

(28)摄影器材:可能含达到指标的各种危险物品,尤其是加热装置、易燃液体、易燃固体、氧化剂、有机过氧化物、毒害品或腐蚀品。

(29)赛车队设备:可能含引擎、化油器、含燃料或残余燃料的油箱、湿电池、易燃气溶胶、硝基甲烷或其他汽油添加剂、压缩气体钢瓶等。

(30)电冰箱:可能含液化气体或危险的液体如氨溶液。

(31)维修工具箱:可能含有机过氧化物、易燃的黏合剂、碱性溶剂的油漆、树脂等。

(32)实验用样品:可能含有危险物品。

(33)演出、舞台和特殊效果的设备及电影胶片:可能含有易燃物质、爆炸品或其他危险物品。

(34)游泳池化学剂:可能含氧化剂或腐蚀品。

(35)电子设备或仪器的开关(转换器):可能含有汞。

(36)工具箱:可能含爆炸品(射钉枪)、压缩气体钢瓶或气溶胶、易燃气体(丁烷气瓶或火炬)、易燃黏合剂或油漆、腐蚀性液体等。

(37)玩具:可能用易燃材料制造。

(38)疫苗(菌苗):可能用固态二氧化碳包装。

(39)火炬:小型火炬和使用的点火器可能含易燃气体,并装有电打火器。大型火炬可能含火炬头(通常有自动点火开关)并装有易燃气体的容器或气瓶。

(40)未伴随旅客的私人行李:可能含达到指标的各种危险物品,例如含烟花、家庭用的易燃液体、腐蚀性的烤箱或下水道清洗剂、易燃气体或液体、打火机燃料储罐或野营炉的气瓶、火柴、漂白剂、气溶胶等。

(41)集运货物:可能含任何明显类别的危险物品。

(42)敞口液氮容器:可能含常压液氮。只有在包装以任何方向放置液氮都不会流出的情况下,才不受本细则限制。

(43)燃料控制器:可能含易燃液体。

(44)热气球:可能含易燃气体的钢瓶、灭火器、内燃机、电池等。

(45)试验样品:可能含达到指标的各种危险物品,尤其是感染物质、易燃液体、易燃固体、氧化剂、有机过氧化物、毒害品或腐蚀品。

(46)停飞飞机(AOG)部件:可能含爆炸物品(照明弹或其他烟幕弹)、化学氧气发生器、不能使用的轮胎装置、压缩气(氧气、二氧化碳、氮气或灭火器)筒、油漆、黏合剂、气溶胶、救生用品、急救包、设备中的油料、锂电池、火柴。

8.5 危险品的分类与代表性物品

8.5.1 第1类——爆炸品

1项——具有整体爆炸危险性的物品和物质;

2项——具有抛射危险性而无整体爆炸危险性的物品和物质;

3项——具有起火危险性、较小的爆炸和/或较小的抛射危险性而无整体爆炸危险性的物品和物质;

4项——不存在显著危险性的物品和物质;

5项——具有整体爆炸危险性而敏感度很低的物质;

6项——无整体爆炸危险性且敏感度极低的物质。

代表性物品有手枪、子弹、烟花爆竹、雷管、炸药、信号弹等，如图 8-5、图 8-6 所示。

图 8-5　手枪和子弹

图 8-6　信号弹

8.5.2　第 2 类——气体

1 项——易燃气体；

2 项——非易燃、非毒性气体；

3 项——毒性气体。

主要代表性物品有氢气、甲烷、硫化氢等。

气溶胶（图 8-7、图 8-8）也是代表性物品之一。气溶胶喷雾器是由金属、玻璃或塑料制成的不可重新灌装的容器，其内装压缩、液化或加压溶解气体，并装有释放装置，这种装置可以使其内含物悬浮于气体中以固体或液体微粒喷射而出，其形态为泡沫、糊状物或粉末，或呈液体或气体状态。

图 8-7　气溶胶示例 1

图 8-8　气溶胶示例 2

8.5.3　第 3 类——易燃液体

主要代表性物品有汽油(图 8-9)、酒精/酒(图 8-10)等。

图 8-9　汽油

图 8-10　酒

国际民航组织(ICAO)和国际航协(IATA)关于酒类物品的规定：

(1)体积百分含量小于或等于 24%，属于普通货物；体积百分含量大于 24%，属于空运危险品。

(2)体积百分含量为 24%～70%，如果每个内包装小于或等于 5 升，可以作为普通货物托运。如果每个内包装大于 5 升，必须按危险品货物托运，托运技术要求如下：

UN3065,品名:酒精饮料;包装要求:客机每个包装限 60 升,货机每个包装限 220 升。

(3)体积百分含量大于 70%,必须作为危险品运输。托运技术要求如下:

UN3065,品名:酒精饮料;包装要求:客机每个包装限 5 升,货机每个包装限 60 升。

8.5.4 第 4 类——易燃固体;自燃物质;遇水释放易燃气体的物质

主要代表性物品:红磷、硫黄、安全火柴、炭(图 8-11)、固体酒精、潮湿的棉花、金属锂、金属钠等。

图 8-11　超级炭精

8.5.5 第 5 类——氧化性物质和有机过氧化物

主要代表性物品:双氧水(图 8-12)、氧气发生器、漂白剂(图 8-13)等。

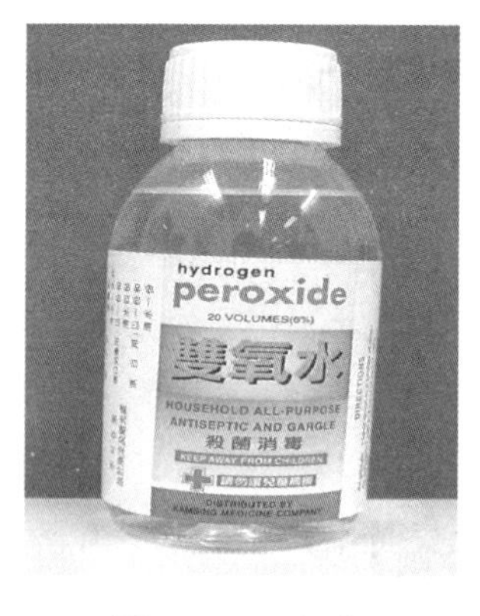

图 8-12　双氧水

图 8-13　漂白剂

8.5.6 第 6 类——毒性和感染性物质

代表性物品(图 8-14、图 8-15):砒霜、农药、细菌、滤过性病毒。

图 8-14 毒鼠剂

图 8-15 三氯乙烯

8.5.7 第 7 类——放射性物质

代表性物品(图 8-16、图 8-17):碘 131、铅 210、放射性照相。

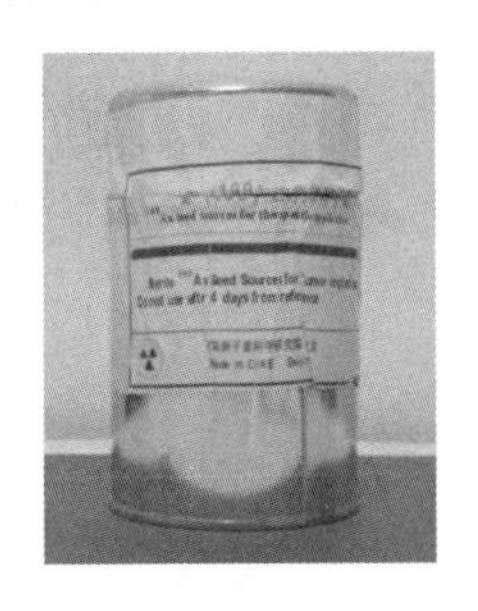

图 8-16 放射性物品

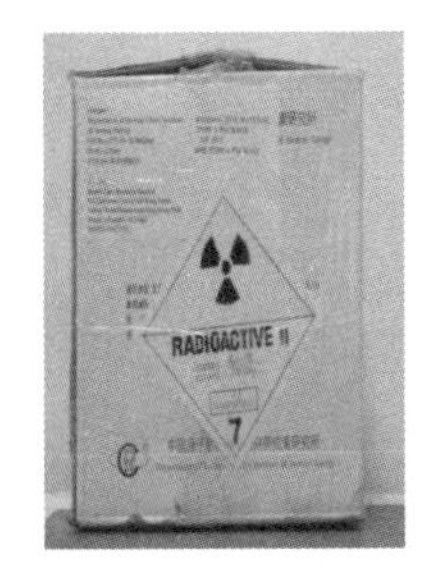

图 8-17 二级放射性物品

8.5.8 第 8 类——腐蚀性物质

代表性物品:盐酸、硫酸、血压计、水银温度计(图 8-18)、下水道清洁剂(图 8-19)。

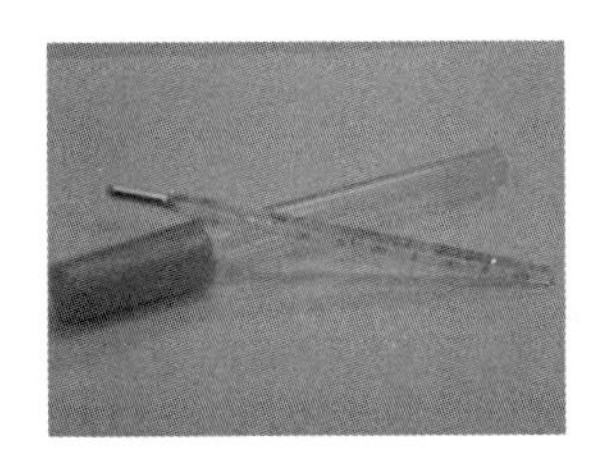

图 8-18 水银温度计

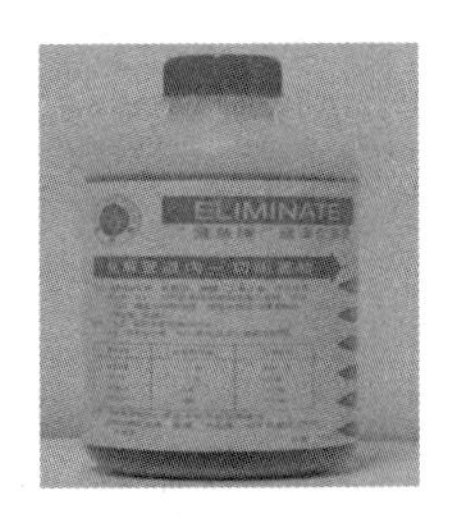

图 8-19 下水道清洁剂

8.5.9 第 9 类——杂项危险品

不属于第 1 类至第 8 类,但在航空运输中具有危险性的物品或物质定义为杂项危险品。具有麻醉、令人不快或其他可以对机组成员造成烦躁或不适致使其不能正常履行职责的任何物质。

代表性物品:磁性物质(图 8-20)、干冰、榴莲(图 8-21)。

图 8-20 磁铁

图 8-21 榴莲

综上所述,乘机禁止携带的危险品包括如上 9 大类,汇总如图 8-22 所示。

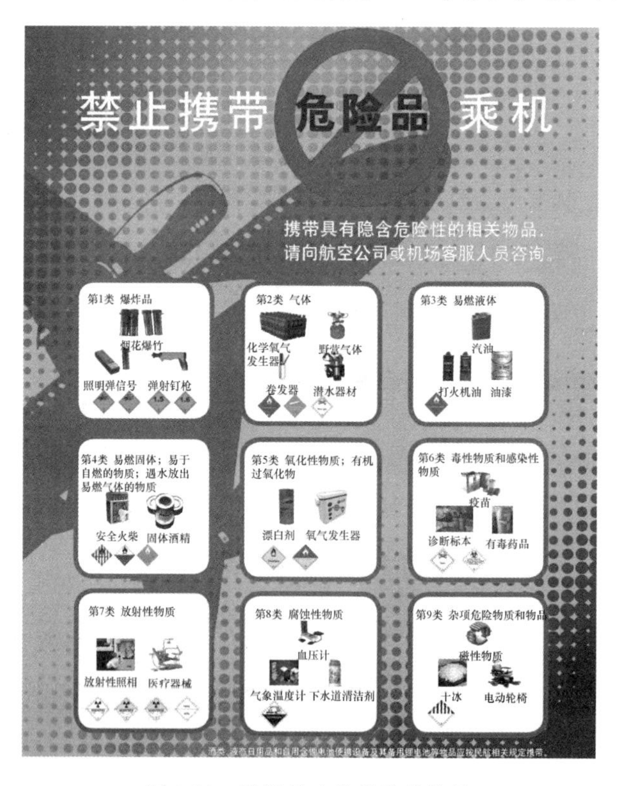

图 8-22 乘机禁止携带的危险品

8.6　危险品的标记、标签与包装

8.6.1　标记

危险品在进行航空运输时在每一危险品包装件上，或每一含有危险物品的合成包装件上，正确标注所需的标记和标签。每一包装件上必须有足够的位置标、贴所需的标记和标签。

8.6.1.1　标记的应用

(1)所有包装上的标记不得被包装的任何部分、附件或其他标签和标记覆盖。

(2)所有包装件标记：

——必须耐久地打印、书写或粘贴在包装的外表面上；

——必须清楚可见；

——必须可承受室外曝露的影响而不会模糊不清失去作用；

——必须处于颜色对比鲜明的背景下；

——不得位于可以显著影响其效果的其他包装件标记旁。

8.6.1.2　禁用标记

除了指示包装件正确方向，箭头禁止用在装有液体危险物品的包装件上。

8.6.1.3　标记种类

包装件所用的标记分为两类：

(1) 用以识别包装的设计和说明的标记

无论是否用于特定交运的货物，即无论是何内装物、收货人、托运人等，都必须符合有关包装标记规定中的要求。这类标记通常为包装制造商所应用，但最后仍然是托运人的职责。

(2) 用以识别特定运输货物所使用的特殊包装标记

如，说明内装物运输品名编号、收货人、托运人等，必须符合 DGR 中包装使用标志中有关规定。此类标志只为托运人所应用。

8.6.1.4　标记的基本要求

(1)每一例外包装件必须标有 UN 编号，之前冠有 UN 字母。

(2)合成包装件必须标有“Overpack”的单词，以及运输专用名、UN 编号、“限制数量”(适用的时候)和特殊操作说明，并根据对包装件的要求，对合成包装件中每一件危险物品进行标注，除非代表合成包装中所有危险物品的标志或标签可见。

(3)如果合成包装件中装有含有“诊断用样品”的包装件，在其中的包装件上标有的“Diagnostic Specimens”字样，必须清晰可见或必须在合成包装件的外侧再现。

(4)装有“限制数量”危险品并按规定打包的包装件必须标有“Limited Quantity(ies)”或“LTD QTY”字样。

8.6.2 包装

危险品的包装是危险品航空安全运输的重要组成部分。DGR 为所有可进行航空运输的危险品提供了包装说明，通常须使用通过联合国性能测试的规格包装，但当危险品符合限定数量“Y”包装说明条款进行限制数量托运时，也无须使用这样的规格包装。所有允许航空运输的危险品数量都受到 DGR 的严格限制，以便一旦发生事故时将危险性降到最低限度。通过本节的介绍，希望现场操作人员对危险品的包装有一个感性认识，能够通过包装辨别危险品。

8.6.2.1 包装方法

包装方法分为两种：单一包装和组合包装。

(1)单一包装(图 8-23)：指不需要任何内包装即能在运输中发挥其包容作用的包装。

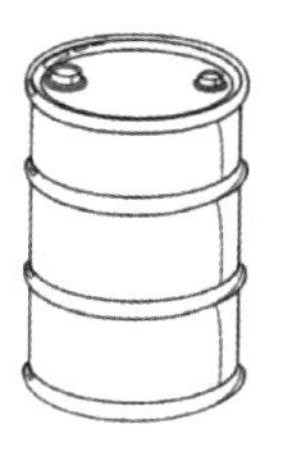

图 8-23 单一包装

(2)组合包装(图 8-24)：是以运输为目的的由一件以上的内包装组成的，并按一定规则要求放入一个外包装的包装组合。

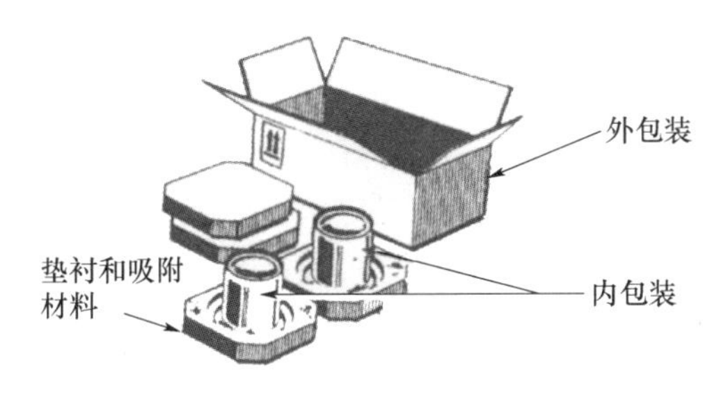

图 8-24　组合包装

8.6.2.2　包装等级

概括物质或物品的危险程度，将第 3、4、5、6、8 类和第 9 类危险物品划分为 3 个包装等级，即Ⅰ级、Ⅱ级和Ⅲ级：

Ⅰ级意为较高危险程度；

Ⅱ级意为中等危险程度；

Ⅲ级意为较低危险程度。

注 1：第 9 类的某些物质和 5.1 项中的液体物质的包装等级，不是根据技术标准而是根据经验划分的，在 4.2 项的危险物品表中可以查到上述物质及包装等级。

注 2：本节中的包装介绍，对第 7 类放射性物品不适用。

8.6.2.3　UN 规格包装

UN 规格包装件一般由政府部门授权的机构进行性能测试以保证在正常运输条件下内装物不致于损失。此性能测试的技术标准取决于内装物的危险性程度，并且外包装上标有 UN 规格包装标记，如图 8-25 所示。

图 8-25　UN 规格包装

8.6.3　标签

(1)标签使用

①当物品或物质在 DGR 的危险物品表中具体列出时，除非受到特殊规定的限制，必须粘贴危险类别标签来表示 DGR 的危险物品表的第 3 栏中所示的

危险性，必须粘贴次要危险性标签来表示 DGR 的危险物品表的第 4 栏中类或项编号所示的任何次要危险性。在某些情况下，需要用的次要危险性标签也可以通过 DGR 的危险物品表的第 7 栏中列出的特殊规定来指定。

②识别危险物品主要和次要危险性的标签必须按要求具有类或项的编号。

③所有的标签必须能承受室外曝露的影响而不会模糊不清失去作用。

(2)标签种类

标签有两种类型：

①危险性标签(倾斜 45°的正方形)，各类大多数危险物品都须贴此种标签；

②操作标签(各种长方形)，某些危险物品须贴此种标签，它既可单独使用，亦可与危险性标签同时并用。

(3)航空运输的 9 类危险品的主要危险性标签(图 8-26～图 8-34)

第1类 爆炸品

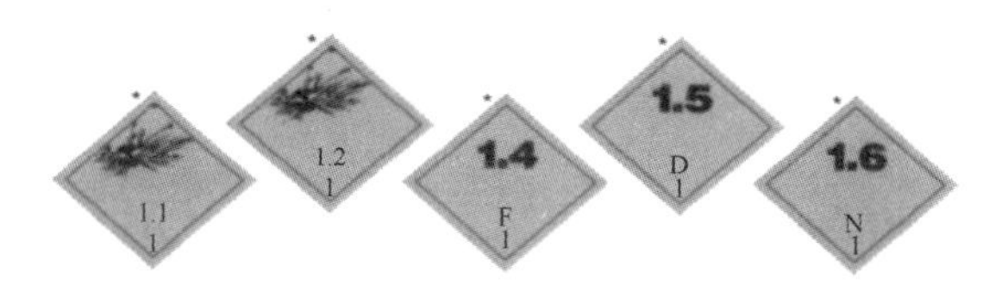

爆炸品标贴中，外包装贴有1.1、1.2、1.3、1.4F、1.5D、1.6N标贴的物品禁止航空运输

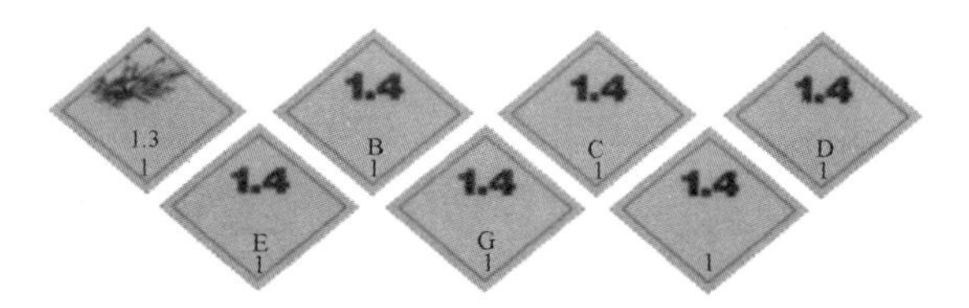

爆炸品标贴中，外包装贴有1.4B、1.4C、1.4D、1.4E、1.4G和部分1.3C、1.3G标贴仅限货机运输

背景：橙色
数字：黑色 数字必须约30 mm高，笔画约5 mm宽
标签统一尺寸：100 mm×100 mm （下同）

图 8-26　第 1 类危险品标签

第2类 气体

图案：火焰，红色或白色
背景：红色

易燃气体

图案：气瓶，黑色或白色
背景：绿色

非易燃、非毒性气体

图案：骷髅，黑色
背景：白色

毒性气体

图 8-27 第 2 类危险品标签

第3类 易燃液体

图案：火焰，红色或白色
背景：红色

易燃液体

图 8-28 第 3 类危险品标签

第4类 易燃固体、自燃物质、遇水释放易燃气体的物质

易燃固体

图案：火焰，黑色
背景：白色伴有七条竖直红色条纹

自燃物质

图案：火焰，黑色
背景：上半部分为白色，下半部分为红色

遇水释放易燃气体的物质

图案：火焰，黑色或白色
背景：蓝色

图 8-29 第 4 类危险品标签

第5类 氧化性物质和有机过氧化物

氧化剂性物质

图案：圆周上的火焰，黑色
背景：黄色

有机过氧化物

图案：火焰，白色
背景：上面红色，下面黄色

图 8-30　第 5 类危险品标签

第6类. 毒性和感染性物质

毒性物质

图案：骷髅，黑色
背景：白色

感染性物质

图案：三个新月叠加在一个圆上和文字，黑色
背景：白色

图 8-31　第 6 类危险品标签

第7类 放射性物质

Ⅰ级（白色）

图案：三叶，黑色
背景：白色

Ⅱ级（黄色）

图案：三叶，黑色
背景：上半部分黄色，下半部分白色

Ⅲ级（黄色）

图案：三叶，黑色
背景：上半部分黄色，下半部分白色

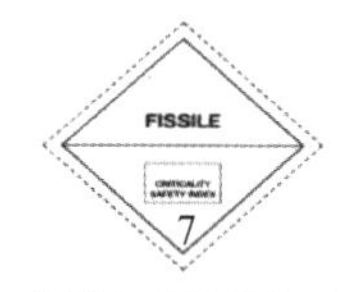

临界安全指数标贴

图 8-32　第 7 类危险品标签

第8类 腐蚀性物质

图案：从两个玻璃试管中流出液体腐蚀金属和手，黑色
背景：上半部分白色，下半部分黑色

图 8-33 第 8 类危险品标签

第9类 杂项危险品

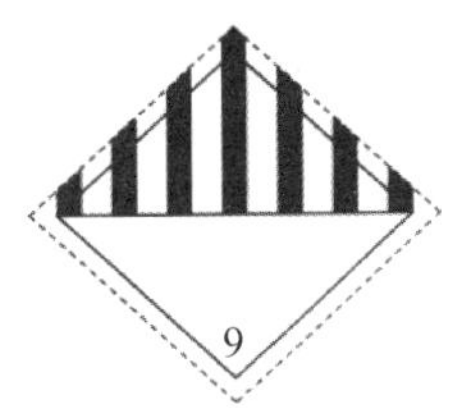

图案：上半部分有7个黑色竖直条纹，黑白相间
背景：白色

图 8-34 第 9 类危险品标签

8.7 乘客或机组成员携带危险品的限制

8.7.1 乘客或机组成员允许携带的危险品

在表 8-1 中进行了详细的说明，超出表 8-1 范围的危险品严禁携带，不论该危险物品是作为手提行李还是放在手提行李中，也不论是作为交运行李还是放在交运行李中，或者随身携带。对于表 8-1 中允许携带的物品及其数量，除遵循本表规定以外，还必符合《民用航空安全检查规则》(CCAR-339-R1)中关于乘客随身携带物品的有关规定。在发生冲突时，必须按照最严格的规定执行。

表 8-1　乘客或机组成员携带危险品的限制

允许放入手提行李或作为手提行李	允许放入交运行李或作为交运行李	允许随身携带	须由营运人同意	须通知机长危险品的机上位置	
否	否	否	不适用	不适用	诸如 MACE 催泪瓦斯、重头棍棒、胡椒喷雾器等带刺激性或使人致残的器具
否	否	否	不适用	不适用	像外交公文包、现金箱、现金袋等这样的保密型行李，如果其中装有锂电池或烟火物质这样的危险物品，是完全禁止的
否	是	否	是	否	稳固装箱的用于体育运动的 1.4S 项的弹药，仅供自用条件下，每人携带毛重不超过 5 kg 且不含爆炸性或燃烧性的弹药。两名或两名以上乘客所携带的弹药不得合并成一个或数个包装件
否	是	否	是	否	液体燃料的野营器具必须确认器具和燃料箱已排空并且已做无危险处理
是	是	否	是	否	用于包装不受本细则限制的易腐物品的干冰，当其包装件可以释放二氧化碳气体时，每人携带数量不超过 2 kg： ——放于手提行李中； ——或者经营运人批准，放在交运行李中
否	是	否	是	否	装有防漏型电池的轮椅或代步工具(参见包装说明 806 及特殊规定 A67)，且电池两极能防止短路且电池已牢固安装在轮椅或代步工具上
否	是	否	是	是	装有非防漏型电池的轮椅或代步工具，如果该轮椅或代步工具始终能以直立方式装载、放置、固定或卸机，且电池处于断路状态、电池两极能防止短路且电池已牢固安装在轮椅或代步工具上，可作为交运行李运输。如果此种轮椅或代步工具不能以直立方式装载、放置、固定或卸机，则必须卸下电池，然后轮椅或代步工具可作为非限制的交运行李运输，而卸下的电池必须装入如下坚固的硬质包装运输： (1)包装必须是严密不漏、能阻止电池液渗漏，并用适当方式固定，如使用绑扎带、固定夹或支架，将其固定在集装板上或货仓内(不得用货物或行李支撑)； (2)电池必须防止短路，并直立固定于包装内，周围用合适的吸附材料填满，使之能全部吸收电池所泄漏的液体； (3)这些包装须标有“BATTERY, WET, WITH WHEELCHAIR”(“轮椅用电池，湿的”)或“BATTERY, WET, WITH MOBILITY AID”(“代步工具用电池，湿的”)字样，并加贴“CORROSIVE”(“腐蚀性”)标签和包装件向上标签

续表

允许放入手提行李或作为手提行李	允许放入交运行李或作为交运行李	允许随身携带	须由营运人同意	须通知机长危险品的机上位置	
是	否	否	是	否	可能产生热量的物品(如潜水灯和焊接设备这类一旦受到意外启动即可产生高热和起火的电池动力设备),能产生热量的部件或能源装置必须拆下,防止运输中意外启动
是	否	否	是	是	气象局或类似官方机构的代表每人可在手提行李内携带一支水银气压计或水银温度计。水银气压计或水银温度计必须装进坚固的外包装,且内有密封内衬或坚固的防漏和防穿透材料的袋子,此种包装能防止水银从包装件中渗漏(不论该包装件的方向如何)。关于水银气压计或水银温度计的情况必须通知给机长
是	是	否	是	否	每人可携带一件雪崩救援背包,可内装含有净重不超过200 mg 1.4S项物质的烟火引发装置以及净重不超过250 mg 2.2项的压缩气体,这种雪崩救援背包的包装方式必须保证不意外启动,背包内的空气袋必须安装减压阀
是	是	否	是	否	冷藏液氮隔热包装的设计不会增加容器内的压力,并且以任何方向放置隔热包装都不会使冷藏液体逸出。含完全被渗透材料吸收并在低温下用于运输的非危险品冷藏液氮的隔热包装不适用本条例
是	是	是	是	否	为自动充气救生衣充气而配备的小型二氧化碳气瓶,或其他合适的气瓶(第2.2项气体),每人携带最多2个,可另携带2个备用气瓶
是	是	否	是	否	供医用的小型氧气瓶或空气瓶
否	是	否	否	否	用于体育运动或家庭,仅作为交运行李运输的2.2项且无次要危险的气溶胶
是	是	是	否	否	非放射性药品或化妆品(包括气溶胶),“药品或化妆品”(包括气溶胶)这一术语意指发胶、香水、科隆香水及含酒精药品。 每人携带此类物品的总净数量不超过1 kg或1 L,且每一单件物品的净数量不超过0.5 kg或0.5 L
是	是	是	否	否	在零售包装内体积浓度在24%以上但不超过70%的含酒精饮料,每人携带的总净数量不超过1 L

续表

允许放入手提行李或作为手提行李	允许放入交运行李或作为交运行李	允许随身携带	须由营运人同意	须通知机长危险品的机上位置	
是	是	是	否	否	为操纵机械假肢而使用的二氧化碳气瓶，以及为保证旅途中的需要而携带的同样大小的备用气瓶
是	是	是	否	否	乘客或机组成员作为个人消费品使用的、内含锂或锂离子电池芯或电池的电子装置(手表、计算器、照相机、手机、手提电脑、便携式摄像机等)。备用电池必须单个做好保护以防短路，并且仅能在手提行李中携带。另外，每一备用电池不得超过以下数量： ——对于锂金属或锂合金电池，锂含量不超过2 g； ——或者对于锂离子电池，其等质总锂含量不超过8 g。 等质总锂含量在8 g以上而不超过25 g的锂离子电池，如果单个做好保护而能防止短路，可在手提行李中携带。备用电池每人限带2个
是	是	否	否	否	含烃类气体的卷发器，如其安全盖已紧扣于加热元件，则每人不超过一件。此种卷发器用的充气储筒不得携带
是	是	是	否	否	置于具防护性盒内供个人使用的医疗用或临床用水银体温计，可携带1支
否	否	是	否	否	放射性同位素心脏起搏器或其他装置，包括那些植入人体内以锂电池为动力的装置或作为治疗手段植入人体内的放射性药剂
否	否	是	否	否	个人自用随身携带的安全火柴或安全型打火机，但液体燃料(非液化气)未被吸收的打火机、打火机燃料和打火机充气储筒不允许随身携带，也不允许放入交运行李或手提行李中。 注：摩擦火柴禁止航空运输

8.7.2 乘客与机组携带锂电池及相关规定(图8-35)

根据《危险物品安全航空运输技术细则》(简称《技术细则》)和民航局发布的《关于加强旅客行李中锂电池安全航空运输管理的通知》，为保证直升机航空运输安全，须遵循如下规定：

(1)乘客或机组成员为个人自用内含锂或锂离子电池芯或电池的便携式电子装置(手表、计算器、照相机、手机、手提电脑、便携式摄像机等)可托运携带，并且锂电池不能与设备分离，锂金属电池的锂含量不得超过2 g，锂离子电池的额定能量值不得超过 160 W·h(瓦特小时)。超过 160 W·h 的锂电池及其设备严禁携带。

图 8-35 携带锂电池乘机须知

(2)便携式电子装置的备用电池必须单个做好保护以防短路(放入原零售包装或以其他方式将电极绝缘,如在暴露的电极上贴胶带,或将每个电池放入单独的塑料袋或保护盒当中),并且仅能在手提行李中携带,不允许托运。经公司批准的 100～160 W · h 的备用锂电池只能携带两个。

(3)乘客和机组成员携带锂离子电池驱动的轮椅或其他类似的代步工具和旅客为医疗用途携带的、内含锂金属或锂离子电池芯或电池的便携式医疗电子装置的,必须依照《技术细则》的运输和包装要求携带并经公司批准。

(4)充电宝视为备用锂电池:

①额定能量值低于 100 W · h 的可随身携带;

②100～160 W · h 的,经承运人批准才能随身携带,且在飞行中禁止充电;

③超过 160 W · h 的禁止带上直升机;

④充电宝无论额定能量高低,都是禁止托运,并且最多带 2 块;

⑤充电宝不能是三无产品,标识不清、出现破损等情况都禁止带上直升机。

8.8 直升机运输危险品不安全事件案例及应急响应

8.8.1 不安全事件案例

(1)某年 8 月 16 日直升机从 W 平台返回南头直升机场时,滑行到候机厅前,机务人员发现红色油漆(图 8-36)从行李舱周围溢出,并且伴有刺鼻的气味。随即打开行李舱门看到红色油漆是从乘客的一个行李包中喷出的。当机务人员将行李转送到候机厅时,一乘客认领工具包后并按照机场人员指示将 2 个红色油漆罐扔到垃圾桶,后被工作人员拾回并拍照(图 8-37、图 8-38)。乘客乘坐直升机时虽有安全须知录像的提醒,但乘客未能遵守相关规定,导致油漆罐随着工具包一起被带上飞机,并带回陆地,给直升机航行安全带来巨大隐患。

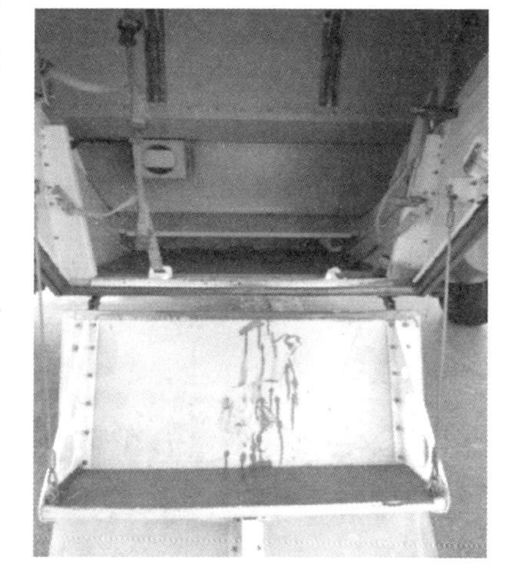

图 8-36 漏出的油漆

图 8-37 油漆罐

图 8-38 油漆罐上的危险品标签

(2)某年 7 月 18 日，深圳地区某直升机执行平台任务，从 A 平台到 B 平台的过程中，机组和货物装卸人员都没有意识到甲烷气瓶(图 8-39)含有压力，没有意识到是危险品，造成误运危险品事件。

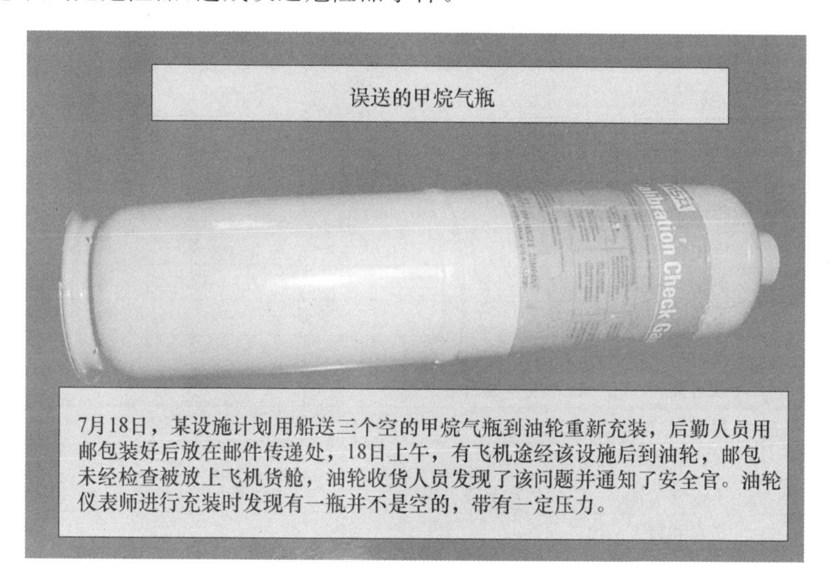

图 8-39 误送的甲烷气瓶

8.8.2 危险品不安全事件的应急响应

如果发生危险品事件、危险品事故征候或危险品事故时，应该按照《空运危险品事故征候应急响应指南》(红皮书)来进行操作。表 8-2、表 8-3 给出了基本的规范指引。

(1)危险品事故应急响应通用程序(表8-2)

表8-2　危险品事故应急响应通用程序

1	危险品事故发生
1.1	当飞机在地面发生危险品事故时,发现危险事故的现场工作人员必须迅速向应急办公室报告,同时通过危险品标牌、容器标条、货运单或有关部门的知情人员,迅速搞清危险品的名称、数量和种类,评估事故范围大小和由于牵涉不止一种物品而可能发生的意外事件。如一种物品本身可能不是有害的,但几种物品加在一起产生化学反应或着火或具有爆炸的危险,因此有必要尽快搞清另外所牵涉的货物名称
2	对危险品事故性质的判断 应急办公室人员到达现场后,须判明情况并考虑以下各点:
2.1	是否发生了火情、泼撒或是渗漏
2.2	事故时的天气情况
2.3	事故发生地的地形和环境情况
2.4	人、财产和环境,哪一项是处在危险之中
2.5	是否需要采取以下行为:撤离、筑围堤?需要什么资源(人力和设备)?这些资源是否及时可以得到
3	对非一般危险品事故的报告 应急办公室人员现场查看、确认系非一般危险品事故时,应立即向有关应急机构报告,请求支援,同时启动应急预案。 电话报告内容:
3.1	单位、姓名、电话及传真号码
3.2	事故发生地点和性质
3.3	危险品名称和识别号
3.4	承运人/收货人/货物发源地及电话号码
3.5	容器形状和尺寸
3.6	危险品数量/批次
3.7	事故现场情况(天气、地形及环境等)
3.8	伤亡和损失情况
4	现场的保安处理 在不进入直接危险区的情况下,采取区域隔离保证人员和环境的安全,非应急处理的无关人员不得进入隔离区,留有足够大的区域范围可让救援人员移动和取走设备或物资
5	进入现场的防护衣着 为保护自己,进入现场的事故应急处理人员,必须是经过专门训练的人员,并根据危险品种类和性质穿着适当的防护衣着,以防止有害气体或危险品泼溅等伤害

续表

6	进入现场的注意事项 应急处理人员应从事故现场的上风方向小心接近，避开危险品事故溢出液体、气体、雾气和烟气。在没有完全判明情况以前，要克制急躁情绪，防止盲目进入。未经训练的人员不得介入帮忙
7	做出应急反应 根据事故发展情况，应急指挥中心要建立一个指挥站点和开通各条通信线路，在可能的地方救出伤亡人员，必要时撤离疏散群众，保持控制现场，不断地重新判明情况并修改已做出的应急反应，首要的任务是考虑危险区内的人员安全，主动配合现场或驻地有关消防应急机构的救援工作
8	事故的调查和报告 组织或参与事故调查，搞清事故原因、责任、防范措施及处理意见后，书面向应急指挥中心和有关部门报告

(2) 危险品应急处置一览表(表 8-3)

表 8-3 危险品应急处置一览表

分类	属性	标签	举例		出现意外时的紧急处置
第 1 类	爆炸品	1.4 Explosives 可装载在客机的爆炸品等级限制在 1.4(低于 1.4 类的易爆品)：即使发生点火或爆炸，现象也非常轻微且不影响包裹外的环境	小型雷管 小型武器的空弹药筒 小型武器的弹药子弹(用于运动或打猎)	黑火药 爆炸物 (甘油炸药，TNT) 催泪弹 烟花爆竹	①泄漏 ·将物品置于远离火或高温处(勿阳光直射)。 ·将物品置于不易受到碰撞、摩擦，不易跌落、翻滚的地方。 ②失火 ·不能将容器移至安全区域时，在容器周围洒水。 ·如果容器着火，立即灭火。但因存在爆炸和释放有毒气体的可能，所以除负责灭火的人员外其他人不要接近。 ·有效的灭火剂：粉末、泡沫、喷水枪

续表

<table>
<tr><th>分类</th><th>属性</th><th>标签</th><th colspan="2">举例</th><th>出现意外时的紧急处置</th></tr>
<tr><td rowspan="3">第2类</td><td>易燃气体</td><td>2</td><td>打火机(作为货物时)
烟雾产品(化妆品、药品)</td><td>氢气
一氧化碳
甲烷
丙烷
丁烷
液化石油气</td><td rowspan="2">①泄漏
·将物品置于远离火、高温处,勿阳光直射。
·避免与气体接触或吸入气体。
·加强通风。
·在其周围撒上沙子使其蒸发或消失。
②失火
·不能将容器移至安全区域时,在容器周围洒水。
·如果容器着火,立即灭火。但因存在爆炸和释放有毒气体的可能,所以除负责灭火的人员外其他人不要接近。
·有效的灭火剂:粉末、泡沫、喷水枪</td></tr>
<tr><td>非易燃、非毒性气体</td><td>NON-FLAMMABLE GAS
2</td><td>空气(压缩的)
氧气(压缩的)
氮气(压缩的)
灭火器
液化氮(非压缩的或低压)</td><td>液压氨
氯气
液体空气
液体氧气
液态氨
甲基溴化物</td></tr>
<tr><td>毒性气体</td><td>TOXIC GAS
2</td><td>(除特殊物品外一律禁运)</td><td>氟
氯化氢
氧化氮
硫化氢
氰
氰化氢
碳酰氯
乙硼烷</td><td>①泄漏
·将物品置于远离火、高温处,勿阳光直射,加强通风。
·避免与气体接触或吸入气体。
·在其周围撒上沙子使其蒸发或消失。
②失火
·如果容器着火,立即灭火。但因存在爆炸和释放有毒气体的可能,所以除负责灭火的人员外其他人要保持25 m的隔离距离。
·有效的灭火剂:粉末、泡沫、喷水枪</td></tr>
</table>

续表

分类	属性	标签	举例		出现意外时的紧急处置
第3类	易燃液体		石油衍生物、酒精、油漆、胶粘剂、药品、打火机用燃油、航行用涡轮燃油	丙烯醛 乙醚 丙烯腈（氰乙烯） 乙醛 火棉 硝化甘油（不少于1%或酒精溶液中的重量达到或超过5%）	①泄漏 ·将物品置于远离火、高温处，勿阳光直射。 ·避免与气体接触或吸入气体。 ·避免与易燃品直接接触，如有可能将漏出的液体搜集起来。 ②失火 ·不能将容器移至安全区域时，在容器周围洒水。 ·如果容器着火，立即灭火，以防吸入可能产生的有毒气体。 ·有效的灭火剂：碳酸气、粉末、泡沫、沙（切勿向其喷射水！）
第4类	易燃固体		硫、镁 萘球（卫生球） 安全火柴 引火物、红磷 金属钛、金属锆	黄磷 癸硼烷	①泄漏 ·严格禁火。 ·避免与粉尘、气体接触或吸入气体。 ·避免碰撞、摩擦，如有可能将漏出的物品搜集起来。 ②失火 ·不能将容器移至安全区域时，在容器周围洒水。 ·如果容器着火，立即灭火，以防吸入可能产生的有毒气体。 ·有效的灭火剂：碳酸气、粉末、泡沫、沙（切勿向其喷射水！）

续表

分类	属性	标签	举例		出现意外时的紧急处置
第4类	自燃物质		屑(铁或钢) 鱼食粉 硫化钠 金属钛粉 钙(在特定条件下)	催化剂镍	①泄漏 ·严禁任何火、火花。 ·避免接触粉末或溶液。 ·禁止泄漏的溶液流入河流等水域,空容器留给专业人员处理。 ·因其可自发燃烧,要时刻监视。 ②失火 ·不能将容器移至安全区域时,在容器周围洒水。 ·如果容器着火,有可能产生有毒气体,没有必要则不要接近。 ·有效的灭火剂:碳酸气、粉末、泡沫、沙(切勿向其喷射水!)
	遇水释放易燃气体的物质		金属钡 金属钙 铝粉 石灰氮	氢化铝 氢化钙 金属铯 金属锂	①泄漏 ·切勿向其上倒水。 ·严禁任何火、火花。 ·避免接触气体、粉末或溶液。 ·禁止泄漏的溶液流入河流等水域,空容器留给专业人员处理。 ·因其可自发燃烧,要时刻监视。 ②失火 ·切勿向其上倒水。 ·容器起火时,有可能产生有毒气体,如无必要,不要接近

续表

分类	属性	标签	举例		出现意外时的紧急处置
第5类	有机过氧化物		过氧化戊二酮 过氧化苯乙酰三丁基 过氧化氢 过氧化苯酰 过乙酸		①泄漏 ·严格禁火。 ·避免接触粉末或溶液。 ·避免与易燃品接触。 ·将空容器以及其他有关事情留给专业人员处理。 ②失火 ·不能将容器移至安全区域时,在容器周围洒水。 ·容器着火时,立即灭火,以免吸入可能产生的有毒气体。 ·因为有可能爆炸,所以除非是为灭火,否则不要接近。 ·严格禁止使用水进行灭火
第6类	有毒物质		亚砷酸铜 药品,杀虫剂 杀菌剂 灭鼠药 砒霜 甲酚 酚溶液	丙酮氰氢 催泪弹 毒气弹 氯乙酰苯 硫酸二甲酯 马钱子碱	①泄漏 ·避免吸入气体、粉尘,避免接触溶液。 ·漏出的溶液让专业人员处理。 ·切勿向禁水的物品上倒水。 ·严格禁火。 ②失火 ·不能将容器移至安全区域时,在容器周围洒水(禁水的千万不要向上倒水)。 ·容器着火时,千万勿吸入可能产生的有毒气体(如无必要,请勿靠近)。 ·因为有可能爆炸,所以除非是为灭火,否则不要接近。 ·严格禁止使用水进行灭火。 ·有效的灭火剂:干沙、粉末和碳酸气

续表

分类	属性	标签	举例		出现意外时的紧急处置
第6类	感染性物质		能感染人类的物质、能感染动物的物质（棒状杆菌白喉、瘟疫杆菌、麻疹病毒、小儿麻痹病毒）		①泄漏 ·使人和财产远离该物质，至少保持25 m的距离，建立一个避开区，等待专业人员处理。 ②失火 ·当容器周围着火时，将该容器移至安全区域。如不可能，则向容器周围洒水
第8类	腐蚀性物质		盐酸、乙酸 蚁酸、硫酸 蓄电池 杀菌剂（含有腐蚀性物质） 烧碱	硝酸 钾、氯化碘 烟幕弹 王水 高氯酸	①泄漏 ·请勿与人体、有机物、其他货物尤其是化学品接触。 ·撒上沙土来吸收它，然后将其移开，随后洒上中和剂，用大量的水冲洗。这时千万要戴上防毒面具和防护用品，最后的处理留给专业人员。 ②失火 ·近的容器起火，将该容器移至安全区域。如不可能，则向容器周围洒水。 ·起火时，有可能产生有毒气体，所以要远离危险地区
第9类	杂项类		磁铁 磁铁部分 干冰 以及所有在1类至8类中未列出而在通知中规定的物质		应避免与皮肤接触，不必采取进一步的措施

第9章 直升机加油

9.1 加油规定与要求

9.1.1 简介

直升机在海上甲板进行加油时,存在潜在的危险,机组和甲板加油人员须遵守相关直升机加油保障规定,确保直升机静止状态下和直升机不关车状态下的加油安全。

9.1.2 直升机加油规定

(1)直升机在机场起飞前1.5小时,海上平台(船)工作人员要对加油设备进行例行检查,对储油罐、过滤器、加油枪出口燃油进行取样检查,并将检查结果报告气象预报员,气象预报员将燃油是否可用以及可用量记录于气象单,以书面形式在直升机起飞前1小时将气象单通报机场。

(2)在甲板指挥员的指挥和飞行员的监控下给直升机加注燃油。加油前取加油枪出口油样,经飞行员检验同意后方可实施加油,加油完毕从加油枪出口取出油样(4升)留存,油样至少要保存当日最后一次为直升机加油后的24小时,如果两次直升机加油中间更换过储油罐,两次油样分别保存24小时。

(3)加油应特别注意:燃油的型号和所需加油数量,使用的计量单位,确保加油量准确无误;燃油水分测试剂应确保在有效期内,并存放在干爽防潮的环境下。

(4)直升机在甲板上停留或起降过程中,甲板周围不得实施明火作业(火炬除外)。

(5)雨、雪、冰天气加油须先做好防护工作,雷雨天气禁止给直升机加油,燃油中的防冰添加剂和防菌添加剂符合规定要求。

(6)开始加油之前先将地线连接到机身结构上,直到加油结束,最后才可将地线取下。

(7)按手册要求建立加油设备台账,每次例行检查、定期检查、定期维修保养均应清晰记录。

(8)建立和执行最低储油报告制度。

9.1.3 直升机不关车加油时注意事项

通常情况下,加油操作应在直升机旋翼停止转动时进行。但由受过适当培训的人员在严格控制的条件下,涡轴动力直升机能够安全地实现不关车加油。加注航空汽油的活塞式发动机直升机,绝不允许进行不关车加油,因为汽油是高度易燃的。进行不关车加油时除上述事项外,还应注意下列安全须知:

(1)只有具有涡轴发动机的直升机,并且加注航空煤油时才能进行不关车加油。

(2)飞行员必须在整个加油过程中处于驾驶舱内。

(3)只有指定的受过不关车加油操作培训的人员才可以操作加油设备。

(4)如果在加油期间乘客仍在直升机上,则至少应有1名接受过紧急疏散程序培训的人(机长除外)在场。

直升机不关车状态给机组提供饮料,要确保从客舱送入,绝不要从驾驶舱门送入,除非两个飞行员都在驾驶位置上。防止不小心把食物碰到驾驶杆,突然改变直升机姿态造成意外风险。

如果直升机需要不关车加油,要确保在加油时乘客已全部撤离飞机。极特殊的情况下,如风大或作业情况紧急,根据机长的判断,允许乘客不下机加油,但飞行员必须向直升机甲板指挥员和乘客讲明特别安全注意事项。特殊情况加油方式加大了安全风险,尽可能不要采用。

9.1.4 当有乘客在机上时不关车加油注意事项

依据CCAR-91第91、195条规定:不得在乘客登机、离机和在机上时或旋翼正在转动时为直升机加油,除非机长或有资格的人员在场,随时可以起动和组织人员以最实用和快捷的方法撤离直升机;如果在乘客登机、离机和在机上时加油,则应使用直升机的内话系统或其他适当的方法,保持监督加油的地面机组人员与机长或要求的其他合格人员之间的双向通信。乘客登机、离机和在机上时加油,除之前所提到的注意事项以外还应注意下列安全事项:

(1)确保HLO、直升机甲板消防人员、负责加油的地面人员、机长之间的有效沟通。

(2)应通知乘客加油完毕后再系安全带。

(3)应通知乘客不许吸烟,不许使用可产生火花的任何用品,"禁止吸烟"指示灯接通。

(4)应打开加油对侧的舱门并安排人员守在此舱门外,如意外发生,可协助乘客迅速撤离。

(5)直升机甲板安全通道畅通,在发生意外时不会阻碍人员的迅速撤离。

(6)如果客舱里有燃油挥发气味,或任何其他危险出现,加油应立刻停止。

9.1.5 加油相关要求

(1)加油人员要求

加油人员负责在直升机甲板指挥员的直接领导下,给直升机加注合格的燃油,负责始终储备量足够的燃油,负责加油设备的日常维修保养,保持加油设备始终处于良好工作状态。

加油人员的工作内容如下。

在加油时,直升机存在潜在的危险,机组及地面加油人员须确保遵守下列安全程序,除此之外,还应参考直升机飞行手册和直升机制造商制定的适用于某一特定直升机的加油程序:

——加油人员应了解正确的燃油加注程序以及必要的消防知识。

——不直接参与加油操作的人应远离加油区域。

——在整个加油操作期间,直升机内及周围禁止吸烟,加油人员不应穿着鞋底带钉子的鞋,身上不应携带手机以及打火机、火柴和其他任何类型的点火装置。

——接地线必须正确连接以防静电引起失火。

——附近严禁烟火,除与加油有关的防爆电源外,不得使用其他无关的电源开关、加温器等。

——保持油枪、油管整洁,油枪口在不加油时要套好。

——不得在雷电暴雨天气时加油,建议不要在雨天时进行重力加油。

——如有燃油溢出,必须停止加油,并妥善清理。

(2)提取油样注意事项

——在取油样前,瓶子必须清洁干净。

——燃油应看上去清亮、无杂质和溶解水。JET A-1 航空煤油是水白色、试剂正常是浅黄色。

——非溶解水会在瓶壁形成水珠或在瓶底形成大块的水,也会变成云状或浑浊。

——固体物通常由小量灰尘、锈屑等构成，悬浮在油中或沉淀到瓶底。当检查杂质时，摇动瓶子使油形成涡旋以便更容易看见杂质。

——测试水分时，使用注射器和片剂测水用具。检查燃油试剂是否为黄色。把试剂片放到注射器上，马上从瓶子里慢慢地抽 5 mL 燃油。摇动注射器并检查药片有无变色，黄色为正常，变蓝色为有水分。可再放 2～3 次沉淀油进行测试，如仍然变蓝色即燃油有水分不可用。

——完成记录，记录单包含直升机号、检查者签名、日期、加油具体时间等信息。

——留存的油样在超过规定时间后按照平台废油处理程序进行处理，不得随意倾倒。

——平台甲板应配备溢油砂或吸油棉等应急处理溢油的物品，以便迅速处理在加油过程中大量的燃油溢出。

9.2 加油标准程序

部分机型的翼尖高度在前点时可能低于人的头部，例如 S-76 机型，因此在进行不关车加油时，注意远离危险区域。

直升机加油操作程序（适用于关车或不关车加油）如下。

(1)准备一个手提灭火瓶（图 9-1）或 CO_2 灭火器。

图 9-1　准备手提灭火瓶

(2)从取样处取油样时，开关拧至最大(用 4 L 容量的瓶)，飞行员应在场监控，检查污染和水，飞行员确认油干净合格(图 9-2)。

图 9-2 飞行员确认油干净合格

注意事项：

——保持验油罐清洁、干燥。

——向验油罐内注入燃油时，应试探性扣动油枪扳机，防止燃油飞溅。

——油面位置高于 1/2 且低于 2/3 处。

(3)用注射器和水检测剂测试油样有无悬浮水(图 9-3)。

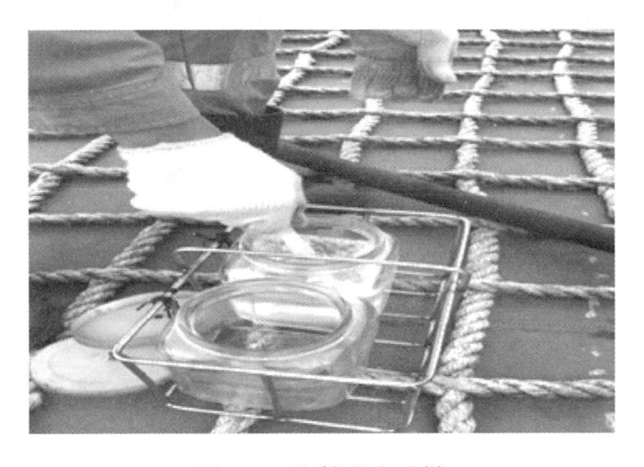

图 9-3 注射器取油样

将针管放入油样本搅拌，并吸入燃油，然后排空，重复两次以上(使燃油与验油片充分接触)。

(4)飞行员确认片剂颜色合格(图 9-4、图 9-5)。

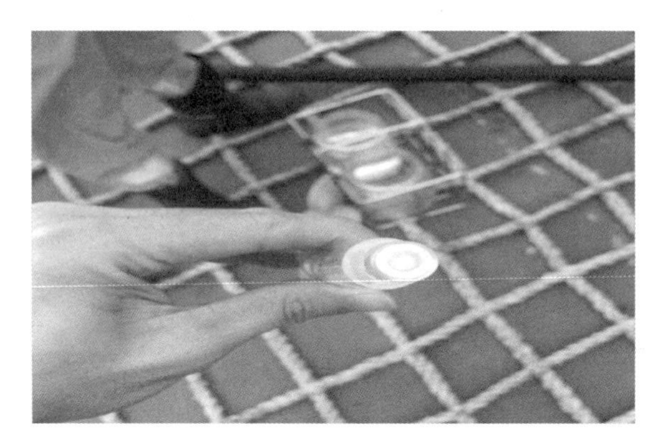

图 9-4　查看验油片颜色

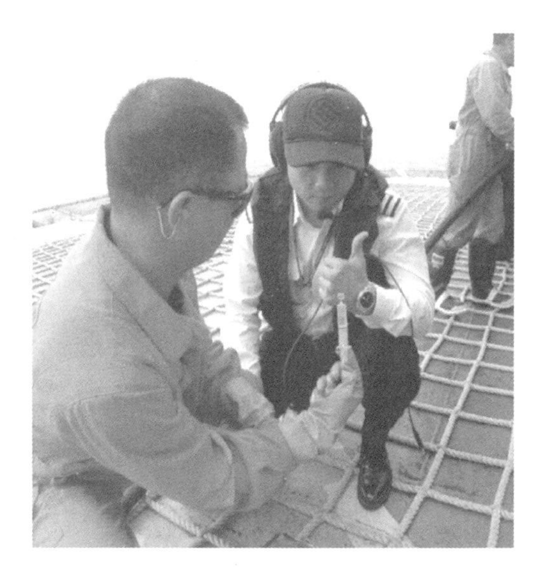

图 9-5　飞行员确认片剂颜色合格

注意事项：

——检查验油片有效期。

——验油前向飞行员展示验油片情况。

验油片遇水变蓝色。

(5)放出油管和接地线(图 9-6),飞行员告知加油顺序。

(6)接地线连接直升机主接地点。

图 9-6　放出油管和接地线

接线位置：接地线连接到机身金属裸露的部位，如系留环、机轮轮毂等。
接地线作用：释放直升机机身静电，防止静电积累，引发电火花。
(7)加油管接地线插入加油口上方插口(图 9-7、图 9-8)。

图 9-7　加油管接地线插入加油口上方插口

图 9-8　插入加油管接地线

(8)将油枪管路拖拽至飞机加油口附近(图 9-9)。

图 9-9　将油枪管路拖拽至飞机加油口附近

注意事项:

——由于加油设施位置固定,但是直升机降落位置和机头方向会因风向不同而变化,在某些方向和位置,直升机的尾桨会影响到加油工作人员工作,甚至威胁安全。此时 HLO 就要及时与飞行员沟通,调整角度,或者协调关车加油。

——油管长度有限,有可能只能从机腹下穿过,注意不要磕碰机腹下的飞机天线。

(9)取下加油口盖,插入油枪。

(10)通知机内飞行员和平台加油人员开始加油(图 9-10)。

图 9-10 通知机内飞行员和平台加油人员开始加油

注意事项:

——通知油泵控制人员打开油泵(手势)。

——派专人观察、等待机组人员给出停止指令。

(11)在飞行员和甲板指挥员的指挥下加油,监控加油过程,观察机内飞行员手势(图 9-11、图 9-12),更换油箱继续加油或结束加油时刻注意听从指令和观察加油动态,严防溢出燃油。

图 9-11 观察机内飞行员给手势

注意:如果未及时通知油枪操作人员终止加油,可能导致燃油加多或燃油喷溅。

图 9-12 机内飞行员给手势

(12)取出油枪和接地线，拧紧加油口盖；给另一油箱加油使用同样的方法。

(13)加油结束后，取出油枪、接地线。

(14)从油枪口取第 2 次油样并留存。

(15)飞行员确认燃油质量和数量(图 9-13)，在加油单上签名(图 9-14)，并复验加油口盖是否盖牢(图 9-15)。

目视检查燃油：无色透明、无水、无杂质

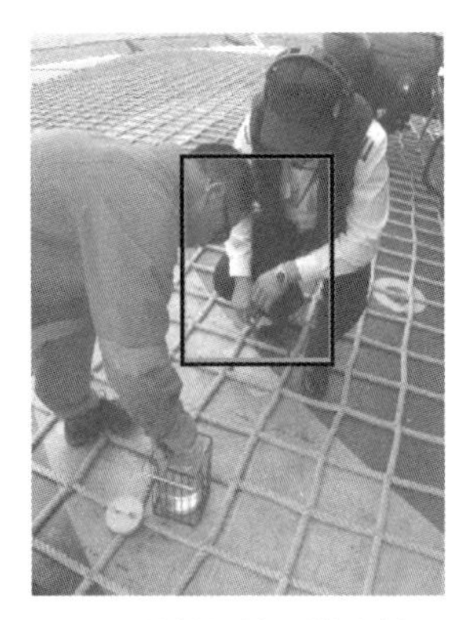

将针管放入燃油样本中搅拌，并反复多次吸入燃油

检查验油片有无变色情况

图 9-13 加油后验油

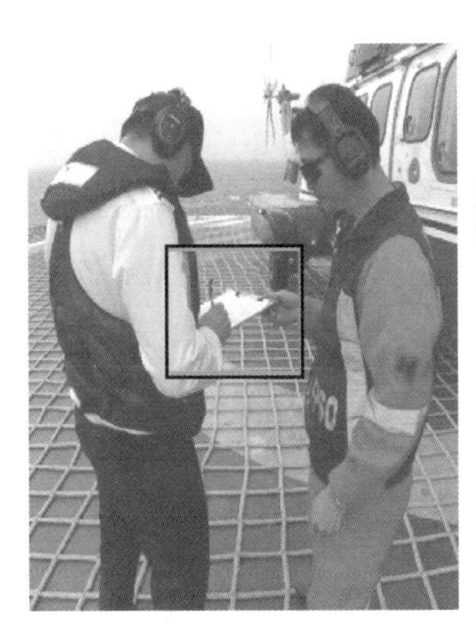

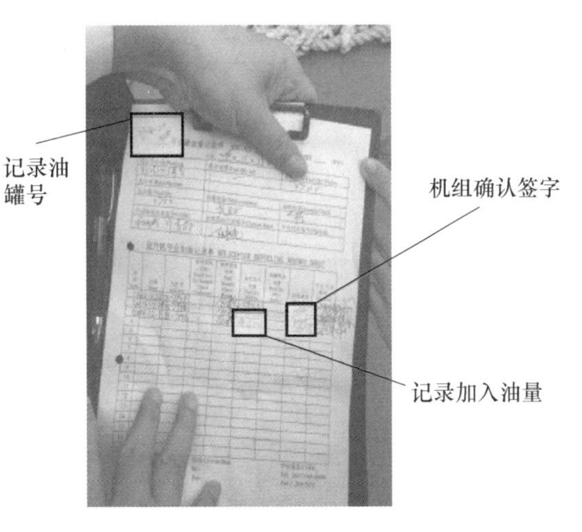

图 9-14　加油记录单确认签字

图 9-15　检查飞行员是否将油箱盖盖好

(16)油样至少保留 24 小时。

9.3　直升机加油程序小结

直升机加油程序见表 9-1。

表 9-1 直升机加油程序

直升机加油操作程序小结	
1	准备一个手提灭火瓶或移动 CO_2 灭火器
2	在飞行员的监视下从加油枪出口提取燃油油样，油枪开关开至最大位置，油样瓶容量≥4 L
3	检查污染和水分，飞行员确认油样干净合格
4	用注射器和壳牌水检测剂测试油样有无悬浮水
5	飞行员确认片剂颜色无水分变色，确定燃油合格
6	放出油管和接地线，飞行员监视加油顺序执行过程
7	接地线连接直升机主接地点
8	加油枪接地线插入加油口旁边的专用搭地线插孔
9	取下加油口盖，插入油枪
10	在飞行员和甲板指挥员的指挥监视下加油，时刻注意听从指令和观察加油动态，严防溢出燃油
11	取出油枪和接地线，拧紧加油口盖；给另一油箱加油使用同样的方法
12	加油结束，先取出油枪，之后拔掉接地线
13	从加油枪口取第 2 次油样并留存
14	飞行员确认燃油质量和数量，在加油单上签名，并复验加油口盖是否盖牢
15	油样至少保留 24 小时

第 10 章　直升机甲板运行事故与不安全事件

10.1　直升机典型事故与不安全事件案例

10.1.1　直升机飞行事故(在平台上或平台附近)

10.1.1.1　事故案例

【案例一】 1993 年 10 月 16 日，一架海豚直升机执行南海某油田投产剪彩运送要客任务后飞往南海某平台(图 10-1)，该机逆风在一号平台中心点接地后倒滑，先慢后快，在距平台边缘 6 米处机头有上抬趋势，前轮转 180°，随后左主轮压陷防护网，旋翼打坏平台照明灯、栏杆及机身的一些部位后，翻扣坠海，散落在平台上的残骸有旋翼、地平仪、仪表固定架、辅助液力系统等。事故造成机组 3 人死亡。

图 10-1　案例一事故地点

事故原因:①飞行员思想麻痹,操纵和处置失误;没有使用刹车,刹车手柄在松开位,刹车系统无压力,桨距杆未压到底;根据推断,因驾驶杆后移,使旋翼锥体后倾产生后滑分力。这些因素加上风的作用,使直升机后滑。②未执行检查单制度,以致造成事故。③一号平台未按规定安装防滑网。

【案例二】 1993年10月24日,一架超美洲豹直升机(图10-2)执行深圳—某平台—深圳载客包机任务。该机11:54自平台起飞后飞行正常。14:02报告飞行高度300米,过内伶仃岛。之后飞行员又申请上升至900米,练习ILS进近,地面同意。在高度450米上升时,突然一声响,直升机剧烈震动,看不清仪表板,飞行员将变距杆从15°减到11°,震动减轻,决定飞回本场,高度下降至150米,直升机突然左倾,进而向左旋转,飞行员判断尾桨故障,立即把变距杆放到底,让旋翼自转,同时关闭发动机,准备水上迫降,高度70米打开浮筒,14:06迫降成功,机组3人、乘客9人安全撤离到救生筏上。由于直升机一个浮筒渗漏,造成直升机在水面倾斜,打捞时翻入水中,直升机全损。

图10-2　案例二涉事直升机

事故原因与教训:①由于尾桨故障,使直升机失去操纵,飞行员水上迫降处置正确;②如果救援与打捞能及时正确实施,损失就会减小。

【案例三】 1999年7月2日,一架超美洲豹直升机执行上海至某海上平台送人任务。09:02起飞,预达平台时间11:00。飞行中飞行员曾5次检查风向为360°,风速为0,并始终使用GPS飞行。距离平台20海里时,接通ADF指示是后方,飞行员误认为是雨区干扰,继续飞行。10:55下降高度300米寻找平台时,没有发现。11:00决定返航舟山朱家尖机场,预达时间12:05。返航途中因油量不足在海上迫降。机上12人被渔船救护,直升机沉入海中(图10-3)。

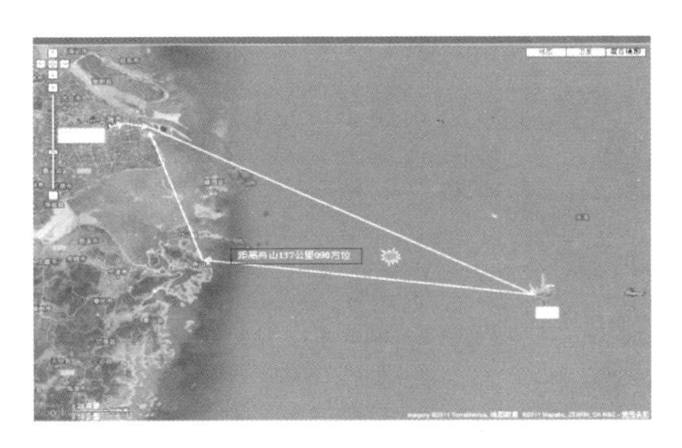

图 10-3　案例三事故位置示意图

事故原因：①GPS 故障，飞行员判断失误；②飞行员未及时正确使用其他导航设备检查位置，造成迷航；③寻找平台时，机长未注意机上油量消耗情况，造成油量不足在海上迫降；④飞行员空中领航技术差。

10.1.1.2　直升机在海上平台上或附近发生飞行事故的影响

(1)人员伤亡：如果满客飞行发生直升机坠海事故，可能造成较大人员伤亡，加之在海上应急救援的飞行器、船舶、民用船只等救援时可能会有衍生风险的发生。

(2)财产损失：直升机受损或报废带来的经济损失巨大，另外涉及设施设备损失、救援、赔偿、股票市值损失以及事故阴影带来的长期经济损失。

(3)生态环境影响：如果发生燃油泄漏，会对局部海域带来一定的海洋污染。

(4)社会影响：一旦发生事故，会在行业内和社会上产生较大的舆论影响，对相关公司的声誉造成较大损失。同时因人员伤亡带来的家庭破坏继而对社会秩序产生一定影响。

(5)运行作业影响：直升机公司损失一架直升机(运力)同时需付出搜救运力。可能还会受到涉事机型停运带来的影响。

10.1.1.3　甲板应急救援队伍建设的必要性

由于直升机在平台上或平台附近发生事故，单靠直升机公司自身力量无法完成应急救援，需要外部资源参与救援。尤其是平台应急救援和平台附近守护船参与救援。平台和守护船均需配备完整的应急队伍，包括必备的人员、设施设备(具体设施设备详见第 11 章)。应急人员须定期进行培训，定期开展应急救援演练，定期对应急设施设备进行检查和维护，以确保能有效参与直升机应急救援，减少事故造成的各项损失。

10.1.2 直升机旋翼伤人事故

在直升机的旋翼和尾桨所造成的事故当中，受伤人员包括飞行人员、现场旁观者、乘客和工作人员。

这种事故不同于其他事故，因为它对人们造成的伤害都是非常严重的，甚至是致命的，这是因为旋翼或尾桨在低功率、甚至慢速转动时都有充足的造成人员伤亡的力量。

另外，旋翼和尾桨在旋转时不易被发现，因此非专业的公众人士经常无法意识到它们的危险性，即使是知道旋转的旋翼或尾桨危险的专业人士也有可能忽略其危险。

所以应谨记，直升机旋转的旋翼和尾桨极其危险，在操作时应保持高度警惕。

10.1.2.1 案例

2019 年 1 月 10 日，美国佛罗里达州布鲁克维尔-坦帕湾地区机场，一名维修人员惨遭直升机的旋翼“斩首”，当场死亡(图 10-4)。美国联邦航空管理局称，飞机旋翼击中了他。当时该人员正用电源车启动直升机，但不知什么原因，直升机突然移动导致他被旋翼打到。事故发生后，法医赶到现场，将尸体移走。

图 10-4 直升机旋翼伤人事故

10.1.2.2 事故可能原因

(1)直升机在未放好刹车、轮挡的情况下突然移动。

(2)飞行员在未确认附近有维修人员作业的情况下人为原因操作直升机移动。

(3)维修人员所在位置或高度易被伤害或维修人员操作不当。

10.1.2.3 安全建议

(1)人员应处于直升机运行安全区。
(2)避免人为原因导致的误操作。
(3)直升机停稳后必须按规定放置刹车和轮挡。

10.1.3 直升机甲板运行不安全事件

10.1.3.1 直升机甲板运行期间事件报告统计

2015—2019年(截至4月30日),某直升机运营公司收到直升机甲板运行期间事件报告共计119起(不完全统计)。其中:2015年28起,2016年29起,2017年25起,2018年32起,2019年(截至4月30日)5起,如图10-5所示。

注:此统计仅是国内某一直升机运营公司近5年收集到的事件报告,不包括国际和国外以及国内其他直升机海上运行的公司发生的事件。

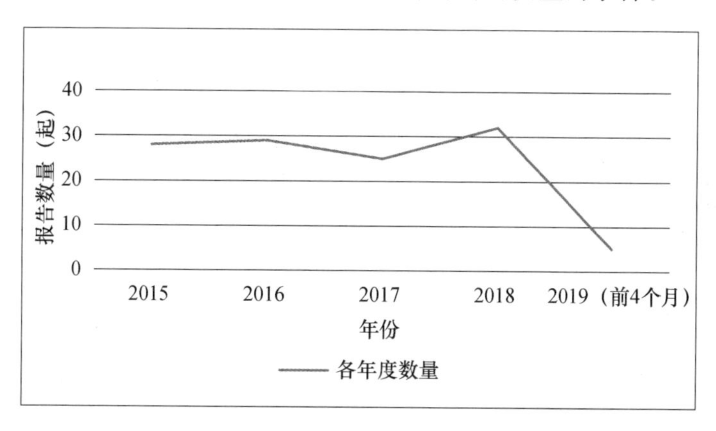

图10-5 2015—2019年某司每年收到平台事件报告数量

按事件类型统计(图10-6、图10-7):
(1)报房相关(包含气象预报不准,不守听无线电等),9起。
(2)舱单不符(乘客人数或人员、货物重量与舱单不符),2起。
(3)乘客行为(乘客登离机方式不安全、乘客乘机期间行为异常等),5起。
(4)导航设备(导航设备不打开或设备故障等),6起。
(5)行李/货物装卸(装卸过程不符合规定、导致货舱受损等),4起。

(6)加油相关(加油程序不符合规定、加油设施设备故障、燃油污染、油量储备报告有误等),17 起。

(7)甲板设备(甲板设施设备不满足要求、不符合标准,甲板设备故障等),12 起。

(8)甲板稳定性(摇摆度大等),2 起。

(9)甲板异物/外来物(甲板上有异物、外来物),6 起。

(10)接机程序(接机程序混乱、不符合规定、人员缺失、缺乏培训、接近尾桨等),23 起。

(11)平台排放物(天然气冷放、火炬熄灭、排放对人体有害物质等),12 起。

(12)平台障碍物(飞行五边上有船舶、甲板附近有障碍物等),9 起。

(13)其他(涉及飞行员餐食、雨具等),12 起。

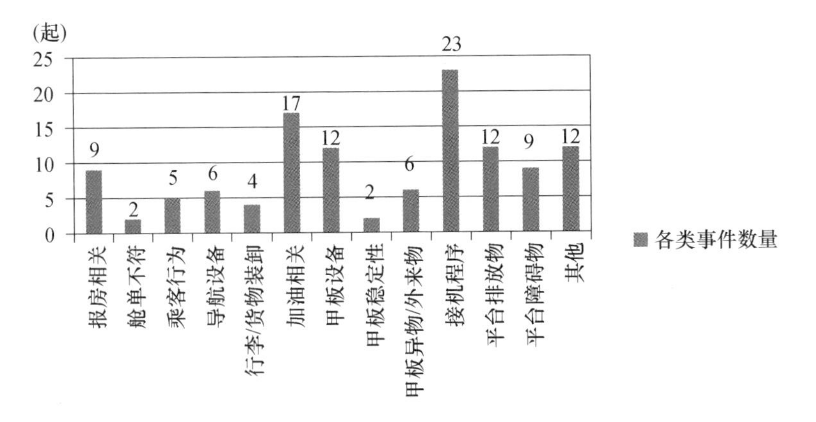

图 10-6 2015—2019 年某司收到平台报告各类事件数量柱状图

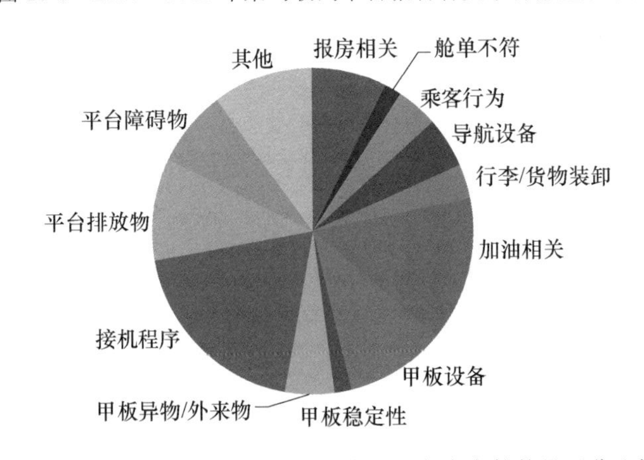

图 10-7 2015—2019 年某司收到平台报告各类事件数量百分比饼图

按地区划分，深圳地区事件 47 起，上海地区 37 起，天津地区 4 起，湛江地区 30 起，缅甸地区 1 起(图 10-8)。

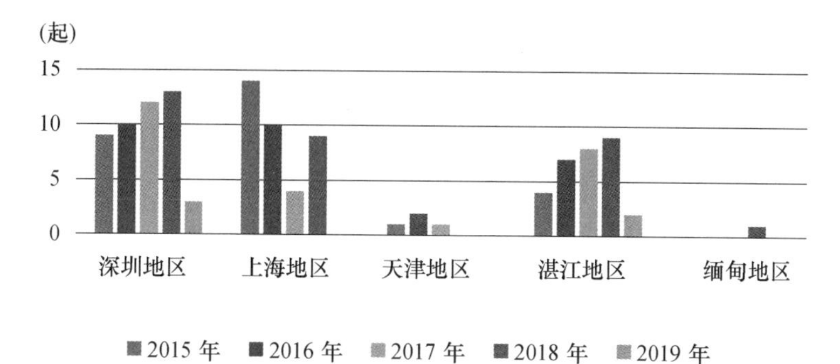

图 10-8 2015—2019 年某司收到平台事件报告数量按地区划分

通过事件统计可以看出，近年来，直升机在运行中，甲板接机过程中存在的问题不容忽视，尤其甲板接机程序方面，存在接机程序混乱、不符合规定、岗位人员缺失、缺乏培训、接近尾桨等现象；直升机加油方面存在加油程序不符合规定、加油设施设备故障、燃油污染、油量储备报告有误等情况；另外还有甲板有异物/外来物、平台障碍物、报房人员不按要求操作等情况。以上问题给直升机运行带来很大安全隐患，平台工作人员尤其甲板接机员，务必要按标准和规范操作，共同保障直升机安全运行。同时，2018—2019 年，在中国海油对甲板接机员培训大力重视和不断加强、严格接机管理的推进下，平台相关问题报告呈下降趋势，说明开展甲板接机员培训取得了良好效果，甲板接机作业不断规范和进步，对保障直升机在平台安全运行起到了重要作用。

10.1.3.2 直升机平台运行典型不安全事件案例

【案例一】 2017 年 5 月某日，深圳地区平台，S-92 机组发现乘客在上下飞机时有奔跑的现象，甚至有摔倒的现象。S-92 飞机气流较大，奔跑时容易摔倒。如果乘客在海上平台下机时摔倒，万一离平台边缘较近，风险很大。

【案例二】 2017 年 10 月 2 日，东海地区平台，直升机正常降落某甲板，甲板人员右舷接机，机组人员给完手势后，甲板人员上甲板，但是几个甲板人员直接从右侧前往行李舱，机组给停止手势没止住，然后赶紧下机阻止，要求所有甲板人员全部从机头前往左舷接机和装卸行李；甲板人员上来后也没有收集救生衣拿下去给登机乘客，还是机组人员帮着才收集救生衣；很多乘客穿救生衣不规范，甲板人员也没有检查和引导，乘客上甲板后机组人员只能一个个纠正，耽误较多时间。整个甲板人员的工作很不规范，没有条理性。存在安全隐患。

【案例三】 2018年2月28日，东海地区平台，机组执行某平台航班，因降落前平台有降水，乘客行李均用塑料袋包装过，在飞机到达平台后，平台HLO组织较为混乱，让乘客自己把行李拿上平台，且因为平台风速较大，包装行李的塑料袋产生破损后出现了被旋翼气流吹飞的情况。同时在加油时，因油枪防水也是用的塑料袋包装，在拆除后甲板工作人员将塑料袋随意放置在甲板上，同样出现了被旋翼气流吹起的情况。平台不能出现用塑料袋包装行李或油枪的现象，否则如果被旋翼气流卷起至主减轴或尾桨区域容易产生缠绕，严重时甚至可能损伤直升机。

【案例四】 2018年6月1日，湛江地区平台，直升机在某平台起飞时，刚进入悬停，副驾驶员发现甲板外有个黑色塑料袋飞了起来，副驾驶员提醒机长保持悬停并观察一下，等了3～5秒钟塑料袋被吸进旋翼的涡环中并在前方离翼尖1米左右的地方被吹到甲板上然后吹走了。塑料袋如果挂到旋翼上或者覆在发动机进气口都会造成非常严重的后果。甲板接机人员以后应加强安全意识，飞行前仔细检查，行李包裹等都捆扎好，消除类似安全隐患。

【案例五】 2018年9月6日，湛江地区平台，直升机在某甲板上客时，乘客直接拎行李到飞机货仓，而没有按照正常程序放在安全线以外再由HLO进行装卸，机组发现后提醒了甲板接机员。乘客进入不安全区域存在安全隐患。

【案例六】 2018年11月19日，湛江地区平台，在某平台甲板等待上下客期间，平台吊机仍在吊货作业，经机组沟通后才停止，存在很大安全隐患。平台在飞机起降期间及在甲板期间，严禁吊机作业，并将吊臂向内收至安全位置。

【案例七】 2019年2月9日，湛江地区平台，机组执行某平台作业任务，降落前与报务和甲板人员协调右舷接机，飞机降落后，按正常给甲板手势后，机组人员发现甲板工作人员直接从右侧走到货仓进行行李装卸，机组人员下飞机后，发现有两名甲板工作人员拿着行李走向另一个出口，目测行走路径与尾桨不超过2米，机组人员立即制止，协调工作人员按正确操作流程完成甲板工作。未按标准接机路线接机，盲目靠近尾桨危险区域，可能造成严重后果。

【案例八】 2019年3月6日，湛江地区平台，飞机落地后，卸行李期间，一名甲板人员突然从飞机前部绕去右侧，机组立即询问HLO，多次询问均无应答。此时发现甲板人员正在打开右舱门，随即联系报房询问相关事宜，报房并不知情，在此期间 HLO 无应答。联系上 HLO 后，该名甲板人员从右侧返回，检查发现舱门并未正确关闭。甲板人员行走路线、舱门操作，须得到飞行员和 HLO 许可方可进行，如没有 HLO 与飞行员沟通后的许可指令，禁止更改行走路线以及操作客舱门。

【案例九】 2019 年 3 月 25 日，深圳地区平台，一架 S-92 直升机执行某平台飞行任务，飞机在最后进近阶段仍未释放起落架，机组在收到起落架未释放警告后才执行放起落架程序；与此同时，平台甲板接机人员也发现直升机起落架未放下并立即用高频提醒机组，飞机最终安全降落甲板。事件原因主要为执飞机组未严格执行手册程序，责任心不强；机组在关键节点上忙于其他事情导致检查单漏项，流程管理不善。此次事件反映出平台甲板接机人员不仅专业，而且尽职尽责，发现不正常状况并及时提醒机组；同时也说明了海油深圳分公司持续开展的平台飞行甲板审核、接机人员培训为保障安全生产起到了重要作用。

【案例十】 某年 8 月 16 日，深圳地区平台，直升机从某平台返回落地后，工作人员发现有红色油漆(图 10-9)从行李舱周围溢出，并且伴有刺鼻的气味，随即打开行李舱门看到红色油漆是从乘客的一个行李包中喷出的。该乘客虽然观看了乘机前安全须知视频，但仍未遵守相关规定，导致油漆罐随工具包一起被带上飞机，并带回陆地，给直升机飞行带来巨大安全隐患。

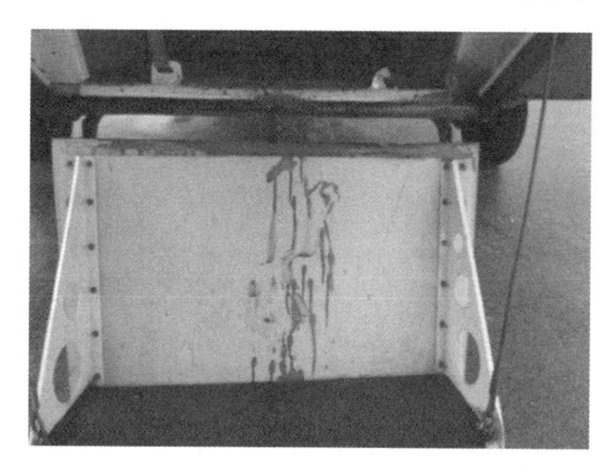

图 10-9　油漆罐和漏到机舱的油漆

从以上不安全事件案例可以看出，直升机运行期间，任何人员都要对直升机安全区域有清醒的认识，务必确保处于安全区域，禁止靠近尾桨部分等危险区；平台及甲板要按照规定保障直升机安全运行，避免出现如排放影响直升机飞行的气体、飞行扇面存在障碍物、甲板有外来物或异物、通信导航设备故障等情况;甲板接机人员要提高接机业务水平,严格按照接机程序操作,避免出现人为原因导致的不安全事件。直升机运营公司和海上平台要通力合作,共同确保直升机和人员安全。

10.2 风险分析与安全建议

10.2.1 风险分析

10.2.1.1 直升机在平台(甲板)运行期间主要风险源

(1)报房相关(包含气象预报不准,不守听无线电等)。

(2)舱单不符(乘客人数或人员、货物重量与舱单不符)。

(3)乘客行为(乘客登离机方式不安全、乘客乘机期间行为异常等)。

(4)导航设备(导航设备不打开或设备故障等)。

(5)行李/货物装卸(装卸过程不符合规定、导致货舱受损等)。

(6)加油相关(加油程序不符合规定、加油设施设备故障、燃油污染、油量储备报告有误等)。

(7)甲板设备(甲板设施设备不满足要求、不符合标准、甲板设备故障等)。

(8)甲板稳定性(摇摆度大等)。

(9)甲板异物/外来物(甲板上有异物、外来物)。

(10)接机程序(接机程序混乱、不符合规定、人员缺失、缺乏培训、接近尾桨等)。

(11)平台排放物(天然气冷放、火炬熄灭、排放对人体有害物质等)。

(12)平台障碍物(飞行五边上有船舶、甲板附近有障碍物等)。

(13)其他(涉及飞行员餐食、雨具等)。

10.2.1.2 风险评估

评估模型——风险矩阵法。风险矩阵法是将危险源的两种因素——危险严重性(S)和危险可能性(P),按其特点划分为相对的等级,形成危险严重性矩阵和危险可能性矩阵,并赋以一定的加权值来定性地衡量风险大小。风险(R)=发生可能性(P)×后果严重性(S),由此得到该危险源的风险等级。如表10-1所示。

表 10-1　风险评估矩阵

事件的可能后果					发生的概率				
等级	人员伤亡	环境影响	财产损失	声誉受损	A:没发生过,但就整个行业有可能	B:已知发生过	C:在过去的10年中发生过	D:在过去的5年中发生过	E:在过去的5年中发生过3次以上
0	没有伤害	零影响	零损失	零影响				零风险	
1	后果微乎其微	轻微影响	<20 万元	轻微影响	风险通过正常SMS程序已得到控制				
2	轻微伤害	一般影响	20 万到 50 万元	有限影响					
3	人员受伤	较大影响	50 万到 100 万元	在行业内受到影响			需要采取措施来降低风险水平		
4	严重伤害	重大影响	100 万到 500 万元	在全国范围内受到影响					
5	死亡多人	特大影响	>500 万元	在国际上受到影响					风险严重威胁公司安全

风险类别:绿区——零风险;蓝区——低风险,受控在可接受范围;黄区——中风险,限期改进;红区——高危区,立即整改。

直升机在平台(甲板)运行期间主要风险源评估风险等级为:

(1)报房相关(包含气象预报不准,不守听无线电等)——1E

(2)舱单不符(乘客人数或人员、货物重量与舱单不符)——2D

(3)乘客行为(乘客登离机方式不安全、乘客乘机期间行为异常等)——2E

(4)导航设备(导航设备不打开或设备故障等)——2E

(5)行李/货物装卸(装卸过程不符合规定、导致货舱受损等)——1E

(6)加油相关(加油程序不符合规定、加油设施设备故障、燃油污染、油量储备报告有误等)——3E

(7)甲板设备(甲板设施设备不满足要求、不符合标准、甲板设备故障等)——3E

(8)甲板稳定性(摇摆度大)——2D

(9)甲板异物/外来物(甲板上有异物、外来物)——3E

(10)接机程序(接机程序混乱、不符合规定、人员缺失、缺乏培训、接近尾桨等)——4E

(11)平台排放物(天然气冷放、火炬熄灭、排放对人体有害物质等)——3E

(12)平台障碍物(飞行五边上有船舶、甲板附近有障碍物等)——4E

(13)其他(涉及飞行员餐食、雨具等)——1E

其中,**风险等级处于红区**的为:

接机程序(接机程序混乱、不符合规定、人员缺失、缺乏培训、接近尾桨等)——4E

平台障碍物(飞行五边上有船舶、甲板附近有障碍物等)——4E

风险等级处于黄区的为:

舱单不符(乘客人数或人员、货物重量与舱单不符)——2D

乘客行为(乘客登离机方式不安全、乘客乘机期间行为异常等)——2E

导航设备(导航设备不打开或设备故障等)——2E

加油相关(加油程序不符合规定、加油设施设备故障、燃油污染、油量储备报告有误等)——3E

甲板设备(甲板设施设备不满足要求、不符合标准、甲板设备故障等)——3E

甲板稳定性(摇摆度大)——2D

甲板异物/外来物(甲板上有异物、外来物)——3E

平台排放物(天然气冷放、火炬熄灭、排放对人体有害物质等)——3E

风险等级处于蓝区的为:

报房相关(包含气象预报不准,不守听无线电等)——1E

行李/货物装卸(装卸过程不符合规定、导致货舱受损等)——1E

其他(涉及飞行员餐食、雨具等)——1E

风险等级处于绿区的为:无

10.2.2 安全建议

10.2.2.1 直升机在甲板运行期间注意事项

(1)任何时候只要某一海上作业甲板上停有直升机而且旋翼还在转动时就不允许有人进入直升机着陆区或在其周围走动,除非该人员所在位置处在某一接机人员或直升机甲板指挥员的监视视线内并在远离发动机尾气和直升机尾桨的安全距离区。在靠近低旋翼旋转盘的直升机机头前面走动也可能是很危险的。

(2)具体落实各阶段要求的最好途径是与直升机操作公司商讨,以对允许人员进入的通道和直升机旋翼仍在旋转时的危险区域有一个明确无误的了解。这些危险区域的划定因具体机型不同而有所不同,但总的说来,准许接近和离开直升机的路线在机身右侧 60°～ 120°的方位上和左侧 240°～300°的方位上。低旋翼旋转面的直升机,必须避免从机头正前方(360°方位)接近和脱离。所有直升机都必须避免从尾部(180°方位,即尾桨危险区)接近和脱离。如图 10-10 所示。

图 10-10 直升机登离机扇区图

(3)当直升机的防撞灯依然在旋转和闪亮时,人员不得接近直升机。在海上作业环境下,只要防撞灯一接通,直升机甲板指挥员就应确保不要有人员在甲板上，如有人员上下直升机，要保证其安全。

①地面工作人员

a. 地面人员应接受周期性的有关旋翼或尾桨安全知识培训，从而使相关人员在直升机周围工作时保持警惕。

b. 在直升机周围工作前，若是带起落架的直升机，应先放置轮挡。

c. 直升机启动时，所有地面工作人员站位应在旋翼旋转面之外。

d. 启动后，挪除外部电源时应谨记保持设备以及人员远离旋翼和尾桨。

e. 在挪开轮挡前，应指示飞行员保持刹车。向飞行员发出滑出或起飞信号前，应确定所有设备和人员都已远离直升机。

②机场工作人员

a. 考虑到乘客可能在停机坪出口徘徊，应设立屏障。

b. 机场管理人员应高度警惕未经授权人员在停放飞机的停机坪内走动的情况。当参观人员获得参观许可且可在停机坪飞机间走动时，机场管理人员应警告参观人员避开旋翼或尾桨、不得触摸或挪动旋翼或尾桨。

c. 直升机着陆区以及停机坪区都应做出标识，同时应在相关区域设立安全隔离屏障以限制未经授权的人员进入。

d. 在停机坪区应明确标出尾旋翼危险区。直升机停放时应将尾旋翼停放于标识区以内。

e. 确保直升机降落场无散乱物体（袋子、防潮布和空罐等）被吹起对人或直升机造成伤害。

③乘客登机和离机的方法

a. 以蹲伏姿势接近或离开直升机（以便与主旋翼保持特定间距）。

b. 自下坡一侧接近或离开直升机（以避开主旋翼）。

c. 在飞行员视野内接近或离开直升机（以避开尾桨）。

d. 以水平方式持拿工具，工具高度应低于腰部（决不能将工具立起或使其高度过肩）。

e. 接近或离开直升机时应手扶安全帽，否则应系好下颌带（避免帽子被吹入旋翼或尾桨造成对直升机的伤害）。

10.2.2.2 保障直升机甲板安全运行建议

(1)直升机甲板接机人员需要接受相关的安全技术理论培训，同时要通过现场实践。并且在海上平台实际接机工作过程中，不断积累经验，提高其能力。

(2)根据国际标准以及国内相关法律法规以及相关直升机运营公司的程序变化修改直升机甲板运行程序,满足各种规范性要求。

(3)对海上接机的员工来说,一定要强化安全接送直升机的意识,无论怎么强调都不过分。

(4)保证直升机甲板上与直升机安全运行的各类设施设备的检查频率,确保设施设备安全可用。

(5)确保直升机救护设备与消防等应急设备按照程序定期演练使用,保证其有效性。

(6)甲板接机人员和乘坐直升机的相关人员遵守直升机运营公司的一些特殊规定对保障安全也是必不可少的。

第11章 直升机甲板应急管理

应急管理在国际上颇受重视，在国内也越发重要。做好应急管理工作，不但是满足国内应急相关法律法规的要求，同时也是衡量一个企业安全管理状况好坏的关键指标。

直升机在飞往平台的过程中以及在直升机甲板上起降时有可能发生海上迫降、空中发动机停车、平台上发生侧翻等应急情况，在发生应急特情的时候，直升机甲板接机人员以及守护船的人员会临时承担应急救援的任务。做好甲板飞行运行的应急管理工作，在直升机发生险情时，能够最大限度地减少财产损失或人员伤亡。

本章所述仅仅是宏观介绍，因为直升机甲板的应急管理是一个复杂而专业的工作，在OPITO培训项目中，应急管理方面的培训OPITO专门开设了两门课程，称为直升机甲板应急队伍安全培训课程，“Offshore Emergency Response Team Leader（直升机甲板应急组长）”和“Offshore Emergency Helideck Team Member（直升机甲板应急队伍）”。

11.1 与直升机运行相关的应急法律法规

直升机在飞行运行中可能发生突发事件，也有可能发生直升机飞行事故。由于在海上发生飞行事故应急救援可能会涉及民航部门、海事部门、地方政府、应急管理部门以及海油公司、直升机运营公司，因此，对于直升机的重大飞行事故需要做好全方位的工作。参见中信海直的“海洋石油直升机重大飞行事故情景构建”课题。在该课题中，简单介绍了海上平台与守护船人员如果遇到直升机飞行重大突发事件应该遵从的相关法律法规、消防警戒应急响应程序、坠机应急救援等方面的知识。关于应急管理与应急救援方面的法律法规具体参见图11-1。

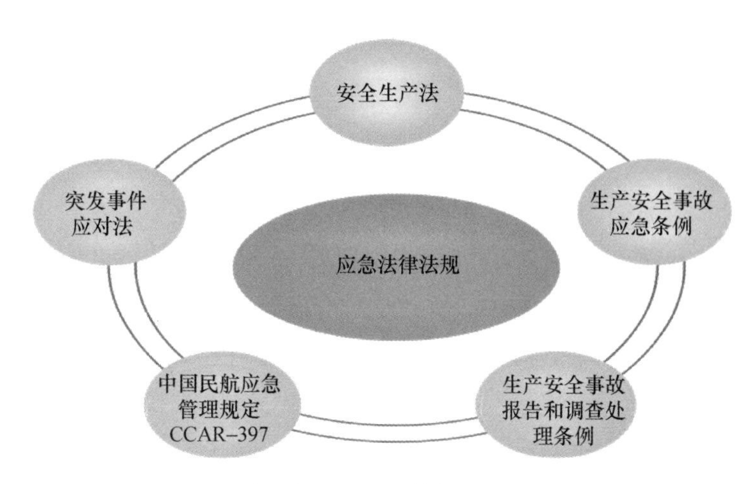

图 11-1 应急管理与应急救援方面的法律法规

其中,《生产安全事故应急条例》明确规定了生产经营单位应当加强生产安全事故应急工作,建立、健全生产安全事故应急工作责任制,其主要负责人对本单位的生产安全事故应急工作全面负责。生产经营单位应当针对本单位可能发生的生产安全事故特点和危害,进行风险辨识和评估,制定相应的生产安全事故应急救援预案,并向本单位从业人员公布。因此,直升机运营公司必须制定有关直升机重大事故的应急预案。其中,一定要考虑到直升机在海上飞行时发生的重大突发情况,显然,会与海上平台生产运行息息相关。因此,海上平台直升机运行应急救援预案一定要符合有关法律、法规、规章和标准的规定,具有科学性、针对性和可操作性。同时,要根据海上平台的风险发生重大变化、重要应急资源发生重大变化以及在预案演练或者应急救援中发现存在重大问题等情况及时修订应急预案。

11.2 甲板上直升机运行风险管理

甲板上直升机运行存在着一定的风险,其实,做好直升机甲板接机工作,从某种意义上来说,就是在甲板工作过程中规避某些风险,从而达到安全状态。风险管理方面通行的做法是识别风险,然后对其减缓、控制甚至消除。有其一整套的理论工具,包括风险值的确定等,在此不过多赘述。需要强调的是做不好风险管理,就可能会引发生产安全事故。风险管理流程见图 11-2。

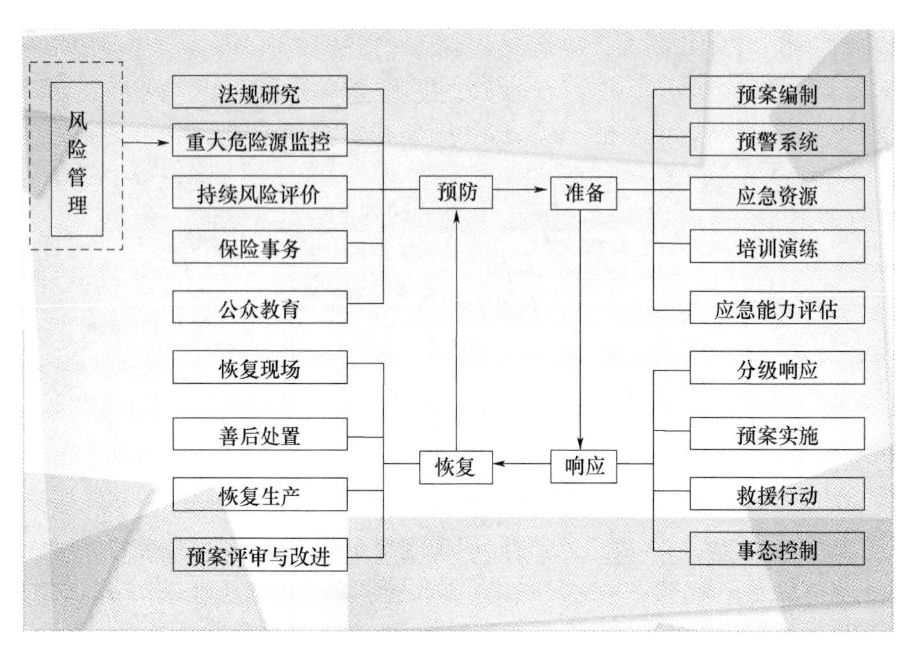

图 11-2　风险管理流程

11.3　直升机典型应急特情及处置程序

11.3.1　典型应急特情

(1)飞行失联。

(2)海上迫降。

(3)发动机空中停车。

(4)发动机空中着火。

(5)平台上发生侧翻。

(6)直升机刮碰平台障碍物。

(7)其他应急情况。

11.3.2　应急处置程序

各种类型的应急特情处置程序详见中信海直的《海上平台直升机应急特情处置预案》。

11.4 直升机甲板上应急设备的检查与使用

直升机甲板上的应急设备主要指的是在直升机发生应急情况下需要使用的一些工具等。定期检查使其保持在可用状态以及如何使用是十分必要的。下面列出的工具设备仅仅代表一个方面,未尽列出的,参阅"直升机甲板应急队伍"培训课程。

例如,应急救助设备(需要更新,图 11-3～图 11-5)。

每一个海上作业平台上都应配备救助设备,以备在直升机发生事故的情况下使用。所有这些救助设备都应保管在直升机着陆区旁边一个安装牢固的箱柜里,详见第 5 章 5.5 节。

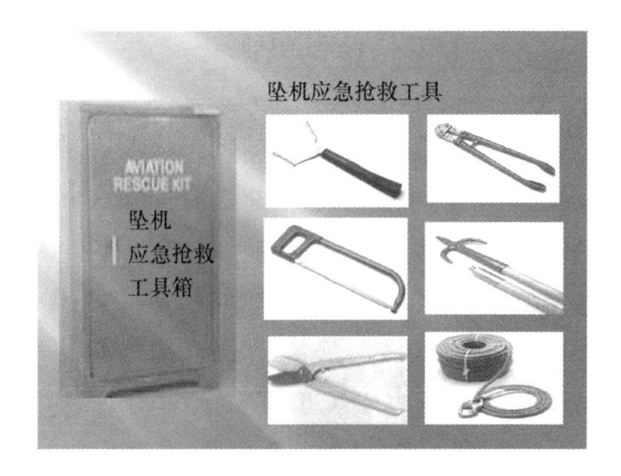

图 11-3 坠机应急抢救工具示例一

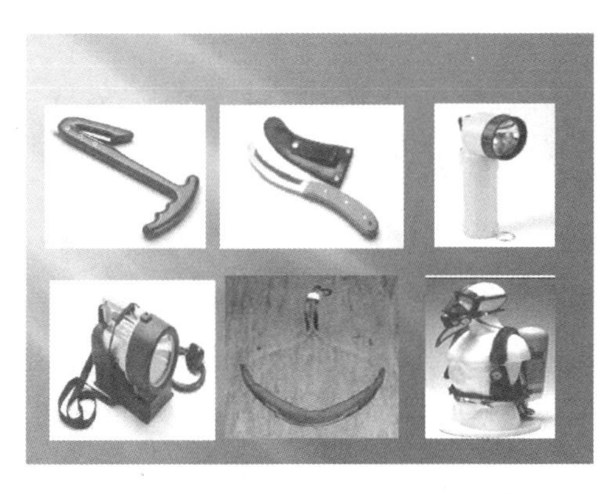

图 11-4 坠机应急抢救工具示例二

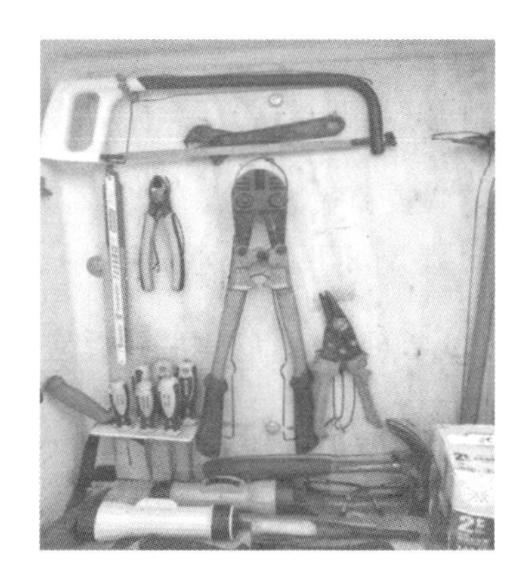

图 11-5 应急工具箱(内部)

11.5 直升机甲板消防应急要求与培训

11.5.1 消防应急基本要求

(1)英航规章要求,为直升机着陆区配备的消防设备要始终保持随时可用状态,定期加以维护,以免损坏。

(2)直升机甲板指挥员负责确保每当直升机在海上作业平台着陆和起飞前,直升机着陆区的消防设备由胜任的人员值守。

(3)直升机在甲板上加油起火时,不经任何人许可,可直接灭火。如果直升机发动机着火,须经飞行员许可后方可灭火。

(4)规章要求,应进行消防灭火演习和训练。

11.5.2 消防应急培训

培训内容包括设施设备的检查标准、主要灭火设备的使用情况等。以下是检查设备是否合乎标准的一个方面,供参考。

海上平台上最重要的灭火剂是泡沫,它将直升机发生火灾时溢出的油的火苗熄灭,或者将油固牢不再扩散。泡沫生成系统的最小容量取决于甲板的D值,连续喷射时间及喷射的速率取决于平台上采用的泡沫喷射设备的类型。具体内容可参见英国民航局标准CAP 437中第5章。

11.6 直升机甲板应急队伍的建设与管理

直升机甲板应急队伍一般分为两队,Team 1(1队)和Team 2(2队)。由应急队长和队员组成。应急队伍必须经过培训方可上岗,并且要定期复训。参阅"直升机甲板应急队伍"培训课程。

11.6.1 直升机甲板应急队伍的职责

直升机甲板应急队伍的职责主要是在发生直升机应急特情时,按照相应的应急处置程序有条不紊地进行救护。主要有八个方面的职责,参阅"直升机甲板应急队伍"培训课程。

应急队伍的八项职责如下:

(1)熟悉直升机往返平台以及在平台上的应急特情种类。

(2)熟悉直升机甲板上各种应急设备的使用。

(3)熟悉直升机灭火(发动机与加油起火)应急程序。

(4)了解直升机运营公司与平台之间的应急预案。

(5)接受直升机应急特情培训。

(6)按照应急科目进行应急演练。

(7)具备相应能力按要求进行应急救援。

(8)适时评估海上平台直升机应急预案的有效性并做出调整。

11.6.2 应急培训与应急演练

根据《生产安全事故应急条例》相关规定,生产经营单位要定期组织应急救援预案演练,并对从业人员进行应急教育和培训,要对应急救援器材、设备和物资进行经常性维护、保养。海上平台所有涉及与直升机飞行运行相关的应急人员必须按照应急演练计划定期进行演练,必要时可联合直升机运营公司进行。演练项目应在直升机海上平台的应急预案中明确,同时,要明确每个项目的应急演练时间。

11.7 海上平台与直升机运营公司的应急接口管理

当紧急情况发生时,直升机运营公司应有效地做出快速反应、采取适当措施,最大限度地避免或减少人员伤亡、财产损失和对环境的破坏。应急响应过程涉及态势评估、关键问题的判断和解决次序、紧急行动计划和人力物力的有效启用等方面,在应急响应情况下,这些事项可能需要同时处理,需要与多个单位和机构进行合作,比如中国海油公司、民航主管单位、海洋搜救单位、消防救援机构等。如直升机飞往平台的过程中出现了失联的紧急情况,启动应急响应时直升机运营公司应与海上平台开展应急合作。

11.7.1 失去联系的判断条件

直升机从起飞到降落目的地,飞行机组应通过无线电设备向机场签派管制室、交通管制中心、目的地无线电报房保持无线电通信,报告位置和工作情况等信息。当直升机超过规定时间没有进行报告,或航空器在雷达系统中丢失时,应启动"航空器失踪、晚到处置程序"。

海上平台：如航空器与海上平台没在规定时间内降落并失去联系时，应立即通过单边带或电话报告机场签派管制室。同时报告平台经理或总监，并向海油分公司进行报告，使平台上的应急队伍做好应急救援准备。

按照应急程序，直升机失联后将分三个阶段进行不同等级的应急响应，具体的流程如图 11-6 所示。

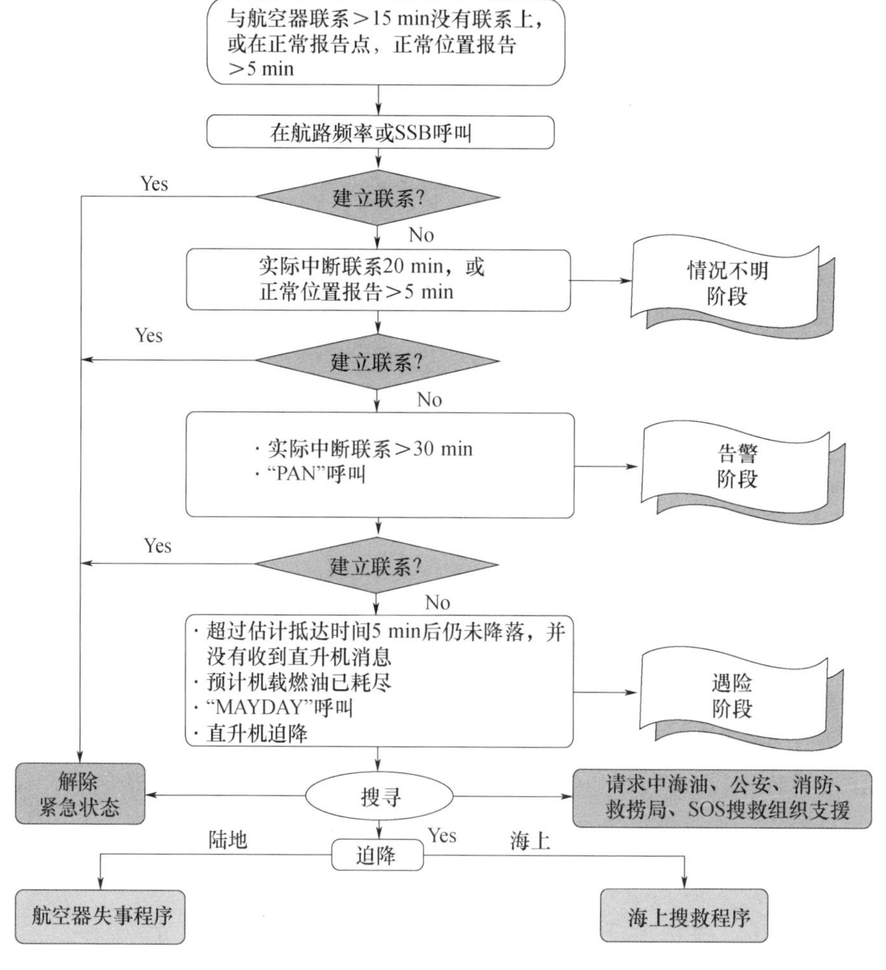

图 11-6　应急响应程序图

(1)情况不明阶段

在下列情况之一时，“情况不明阶段”开始：

①当与航空器中断联络 20 min 或正常位置报告超过 5 min；

②飞机安全存在任何不明确因素，应宣布进入“情况不明阶段”。

在此阶段，直升机所在地区航管部门或区域军事空管单位，迅速通知开放所有航空电台、地面导航设施、归航台和雷达等设施，搜寻该航空器的空中位置，通过各种方法与航空器联络，做好记录。

(2)告警阶段

在下情况之一时，“告警阶段”开始：

①当与航空器中断联络超过 30 min；

②飞机的飞行性能受到损害，但尚未达到立即迫降的程度或收到“PAN”。

此阶段地区航管部门、区域海事主管单位、地区海上搜救中心、石油公司得到通知并提供帮助，担任搜寻和救援任务的航空器、船舶立即进入待命状态，采取各种方式继续对情况不明的航空器进行联络和搜寻，并填写应急响应联络表。

(3)遇险阶段

在下情况之一时，“遇险阶段”开始：

①在超过预计抵达时间 5 min 后仍未降落，并没有收到直升机消息；

②预计航空器燃油已经耗尽；

③收到飞机遇险信号“MAYDAY”。

在此阶段应立即启动全部救助力量，出动搜救直升机、地面装备和救助人员开始搜救行动。视情请求地区搜救中心、石油公司、民航、空军、海军、地区公安单位给予可行的帮助。通知搜寻救援单位航空器可能遇险的区域。搜救直升机使用超短波频率 121.5 进行监听并随时与搜救中心(或航行管制部门)保持联络，通报情况。

11.7.2 海上平台人员的应急救援

海上平台的应急队伍在接到直升机发生重大险情的通知后，立刻紧急集合，准备好应急救援设备，随时待命进行应急救援。同时守护船也要待命出发参与应急救援。参阅“直升机甲板应急队伍”培训课程。

11.8 媒体沟通与家属援助

直升机海上飞行重大事件发生时，需要涉及媒体发布。由直升机运营公司和平台所属油公司在中国政府(SAR)媒体发布前，需要提供一致的、准确的信息。信息通过由直升机运营公司和平台所属油公司选择使用的书面新闻稿、记者招待会和其他的一些有效途径来传达。直升机运营公司和平台所属油公司需要确定一名新闻发言人来充当这一角色。

11.8.1 媒体沟通

当发生直升机重大飞行事故时，双方必须做好与新闻媒体的沟通工作，下面以某直升机运营公司和海油系统公司的新闻发布及媒体联络为例提供参考，实际发生时要以各自制定的媒体沟通程序为准。

11.8.1.1 直升机运营公司媒体沟通

(1)媒体新闻发布的是一些重大事件或事故。直升机运营公司希望在政府发布信息之前，协调媒体提供一致性和准确性的信息。信息的传达是通过书面新闻稿、新闻发布会和任何公司选择使用的其他方式。直升机运营公司确定由一名发言人来执行这个角色。直升机运营公司对外发布重大消息由公司董事会秘书经授权后对外发布，任何人不得私自对外发布消息。

(2)当事故发生时，要事先做好公布消息的准备，直升机运营公司才能有组织、有条理地积极回应各种相关情况。有效媒体管理的本质是有准备地更好地与任何媒体接触。这样会使公司的管理能力和组织形象不受损。

(3)当联系媒体进行新闻发布时，不能偏于一家媒体组织或另外一家。为了最大限度地减少造成损害情况出现的可能性，仅处理主要的综合性新闻。

(4)如果媒体代表没有提供事件发生最基本的信息，可以认为媒体的信息来自不可靠来源的材料。

(5)要意识到在任何时候都会被媒体或其他人监测，无线电台、手机或电话交谈内容都可能被监听。如果媒体已经抵达事故现场，指定的媒体发言人尚未到来，只有现场总指挥或被公司授权者可以临时担任公司发言人，并且只给媒体初步的信息。在进一步的声明中，由直升机运营公司指定的新闻发言人负责。给媒体的所有信息都应存档。

11.8.1.2 平台所属油公司的媒体沟通与管理

(1)当突发事件需要与媒体沟通以便引导舆论时，公共关系法律组应制定一个具体的媒体沟通方案，其中应包括的内容：

①根据应急协调办公室提供的事件说明，准备主旨信息。

②确定此次危机事件对外信息沟通的渠道（如新闻稿、公告、新闻发布会及网站专栏等）以及相关的联系人和联系方式。

③确定新闻发布材料的基本内容和信息流的节奏控制。

④确定需要澄清事实的主要媒体名单。

⑤确定信息发布的时间、场所和发布会的出席人员。

⑥确定已授权的新闻发言人或候选授权发言人。

(2)新闻稿、模拟问答和/或公告的草拟和送审

①公共关系法律组应在首次会议后1小时内完成新闻稿、模拟问答和/或公告并报送应急委员会主任审批。

②根据突发事件的相应情况,在公司正式发布新闻稿之前,所属单位可以第一时间对外发布经应急委员会主任审核批准的对外信息沟通模板中所涉内容。

③新闻稿的内容应与向政府报送的报告内容保持一致。

④公共关系法律组根据主旨信息及舆情反馈准备模拟问答,并根据舆情及事态发展及时更新模拟问答,模拟问答须获得应急委员会主任批准后,统一对外回复媒体问询。

⑤公告内容在满足合规披露的前提下,应与获得内部审核批准的对外信息沟通口径或新闻稿内容保持一致。公告稿经应急委员会主任审批后,报董事会审阅后按照披露时间窗对外披露(报请董事会审阅的方式,包括但不限于电子邮件)。

(3)新闻发布会及发言人的授权

①公共关系法律组依据事件发展判断是否需要召开新闻发布会,并将建议及发布材料上报应急委员会主任审核批准。

②为提高效率并保持公司行动的一致性,由应急委员会主任指定应急情况下的公司对外发言人。

③被授权人不限定在总部范围,根据实际情况,所属单位的总经理为应急中的第一授权发言人,并由总经理负责推荐一名副总经理作为候选授权发言人。

11.8.2 家属援助

家属援助方式须由直升机运营公司和平台所属油公司共同决定。原则上由相关单位的人事、工会部门组成相应的工作组,涉及保险、工伤等,要依据国家法律法规及公司的相关规定进行家属援助。如果涉及中国民航方面的,遵从民航局方管理规定。以下为中国海油家属援助方面的一个范例,供参考。

(1)发生事故的乘客家属安排由属地应急办公室具体负责。首先由应急办公室将情况报公司分管领导,同时报告公司工会和人力资源部。在征得公

司同意后，派出专人协调家属接待事宜。原则上由属地办公行政人员具体承办。在此期间发生的车辆交通、通信、饮食、住宿、丧葬等家属安排费用专项专列，按照公司相关程序予以报销。

(2)发生飞行事故后，在启动现场应急处置程序的同时，立即启动善后处理程序。善后处理工作组由党委副书记、办公室主任、人力资源部经理、党群部经理、财务部经理、安监部经理等人员组成。组长由党委副书记兼任。

(3)党群工会负责人主要负责遇难者家属的心理辅导、安慰、思想工作和遇难者丧葬等事宜。

(4)海油公司对其员工家属援助方面，详细参见《中国海洋石油有限公司危机管理预案》(2017 年修订版)第 3.8 与 3.9 章节。

参考文献

国际航空运输协会(IATA),2018,危险品规则:60 版[S]. www. iata. org.

国际民用航空组织(ICAO),2013. 国际民用航空公约:附件 18 危险货物的安全空运 [S].

国际民用航空组织(ICAO),2017. 危险品航空安全运输技术细则[S].

国际油气生产商协会(IOGP),2017. 航空器管理指南:2 版:IOGP590[S].

海洋石油工业培训组织(OPITO),2014. 直升机甲板指挥员培训手册:10 版[Z].

英国民用航空管理局,2016. 航空无线电台操作指南:15 版:CAP 452[S].

英国民用航空管理局,2016. 无线电话务手册:22 版:CAP 413[S].

英国民用航空管理局,2018. 海上直升机甲板着陆区技术规范:CAP437[S]. https://www. caa. co. uk.

中国海洋石油集团有限公司,2017. 中国海油石油有限公司危机管理预案[Z].

中信海洋直升机股份有限公司,2013. 海上平台直升机应急特情处置预案[Z].

OPITO, 2014. Helicopterrefuelinghandbook: Seventh Edition [M]. Portlethen: OPITO.

OPITO, 2018. Helicopter Landing Officer′s Handbook: Eleventh Edition [M]. Portlethen: OPITO.

附录1 名词和术语解释

下列名词和术语定义适用于本书。

直升机 Helicopter

指一种重于空气的航空器,其飞行升力主要由在垂直轴上一个或几个动力驱动的旋翼上的空气反作用力取得。

海洋石油直升机 Offshore Oil Helicopter

符合海上飞行运行规范,用于海洋石油飞行的直升机。

直升机甲板 Helideck

位于漂浮的或固定的水上构筑物上供直升机起降的平台。

直升机甲板接机员 Helicopter deck attendant

与直升机在甲板上起降飞行运行相关的工作人员。包括:平台负责人、直升机甲板指挥员(HLO)、安全员、报务员、消防员、加油员、货物装卸员、安全检查员、守护船人员等。

直升机甲板指挥员 Helicopter Landing Officer

平台(船)负责人授权,直接管理指挥直升机甲板起降飞行运行工作的人员。

平台(船)负责人 Platform (ship) person in charge

平台(船)或海上作业现场的第一责任人。

机长 Pilot

是指经合格证持有人指定,在飞行时间内为航空器的运行和安全负最终责任的驾驶员。

副驾驶 Copilot

是指在飞行时间内除机长以外的在驾驶岗位执勤的持有执照的驾驶员,但不包括在航空器上接受飞行训练的驾驶员。

维护人员 maintenance crew

由委托人和承运人共同确认、承运人安排维护合同直升机并负责签字放行的人员,用其中(英)文姓名及其维护人员执照编号表示。

检查　inspection

委托人按照本标准对承运人进行的检查。该检查不属于局方的监督检查。

检查人员　inspector

委托人指定的检查人员。

飞行时间　flight duration

指直升机为准备起飞而借自身动力开始旋翼转动时起,直到飞行结束旋翼停止转动为止的时间。

1 级性能直升机　helicopter with 1st type performance

在关键的动力装置故障情况下,具有此性能的直升机能着陆在中断的起飞区域或者继续安全飞行到适合着陆的区域。

2 级性能直升机　helicopter with 2nd type performance

具有这样性能的直升机,在关键的动力装置故障情况下,能安全地继续飞行,除了当故障发生在起飞决断点之前或者降落决断点之后,可能需要迫降。

3 级性能直升机　helicopter with 3rd type performance

具有这样性能的直升机,在动力装置在飞行剖面的任何点发生故障的情况下,必须执行迫降。

“A”类运行　type “A” flight

包括“A”类起飞和“A”类着陆。“A”类起飞是在起飞阶段,关键的动力装置发生故障的情况下,可以在中断起飞区域安全地中断起飞,或者继续安全完成起飞的一种操纵方法。“A”类着陆是在着陆阶段,关键的动力装置发生故障的情况下,可以复飞或安全着陆的一种操纵方法。具体操纵方法按该型直升机飞行手册执行。

应急运行　emergency flight

台风撤离、搜寻、援救和医疗援救的运行。

台风撤离　typhoon evacuation

台风将要经过委托人的某一海上石油设施,为避免台风使该设施上的人员的安全受到威胁,在台风到达该设施前,将人员撤离该设施的运行。

搜寻与援救　search and rescue

为找到或援救某一人员而实施的应急运行。该人员处于异常环境下,如不将其从该环境中撤出,或如果不为其提供保护和帮助,其生命将受到威胁。

医疗援救　medical evacuation

表示在涉及人员医疗紧急救助的情况下,为援救处于不利环境中的人员而实施的一个医疗运行。

标示　mark

对于有按期限进行检查的地面和机载(上)设备,检查合格后,在规定位置标明本次检查人、检查日期、状态和下次检查期限(日期)的信息。

记录　record

局方规章要求记载的所有信息和本标准要求记载的信息。该记录可以使用书面或电子系统记录的形式。

OPITO　(Offshore Petroleum Industry Training organization)

海洋石油工业培训组织。

IOGP　(International Association of Oil & Gas Producers)

国际石油天然气生产商协会。

IOGP 590　(Aircraft Management Guidelines)

国际石油天然气生产商协会《航空器管理指南》。

CAP 437　(Standards for offshore helicopter landing areas)

英国民航《海上直升机着陆区技术规范》。

CAAC　(Civil Aviation Administration of China)

中国民用航空局。

防撞灯

直升机机身上方和下方强大的旋转式警示灯。

消防员

操作直升机甲板上的消防设备的人员。

燃油取样检查

从水箱最低点或过滤器外壳底部取出的样品测试有无水分、杂质或污染异常。

进近和离场扇区(扇面)

在210°进近和离开区域内,必须没有障碍物,既不在直升机甲板水平上方也不在附近。

加油枪

安装在离直升机最近的加油软管上,用于直升机的重力加油。

轮挡

位于直升机轮胎的前后,阻挡机轮移动。

客舱货物载运

作为一般规则,在运输乘客时,货物不得在直升机舱内运输。特殊情况,经评估采取了必要的安全措施,不危及乘客安全的货物可以载运。

舱单(清单)

一份正式文件,说明乘客的姓名、雇主、乘客及其行李、货物的重量,运至目的地。

夜间条件

一般当日日落之后至次日日出之前称作夜间时段,夜间飞行必须满足民航部门规定要求的条件。

航空煤油(Jet A-1)

供直升机使用的涡轮机喷气燃料。

航煤(Jet A-1)清晰度

自然纯净透明的无色燃料。指不存在任何沉淀物、不浑浊、不变色、没有悬浮杂物及水分液体透亮。

接地线(搭地线)

直升机上的接地点用于连接防静电线。在加油期间,直升机与加油机柜、加油枪、加油管必须全部保持接地畅通导电,以消除设备之间电位差异产生静电,衍生静电产生火花甚至火灾。

燃油颗粒

燃油中的小块铁锈、沙子、灰尘或软管和设备中的沉积物等。

旋转面

主旋翼和尾桨旋转所覆盖的区域。

登离机安全区

人员的所有行动应与直升机纵轴成90°,然后在旋转面外。乘客必须遵守直升机甲板工作人员的指示,或从标示的安全路线登离机(使风险降至最低)。

旋转面内安全区

不存在与旋翼、尾桨旋转接触危险的区域。

飞行员目视安全区

直升机机头附近的区域,在飞行员的视线以内,不在视线之外,尤其是机身的后半部分区域,防止受到旋翼、尾桨旋转的伤害。

消防服

用于灭火响应人员免受火灾、烟雾、高温情况下伤害的保护服装。

包括对头部、手部和脚部的保护,需满足劳动主管部门对材质的要求。

气溶胶 Aerosol

由金属、玻璃或塑料制成的不可重新灌装的容器,其内装压缩、液化或加压溶解气体,并装有释放装置,这种装置可以使其内含物悬浮于气体中以固体或液体微粒喷散而出,其形态为泡沫、糊状物或粉末,或呈液体或气体状态。

附录 2　相关法规标准依据

1. 法规

《生产安全事故应急条例》(中华人民共和国国务院令第 708 号),2019 年 2 月 17 日发布,自 2019 年 4 月 1 日起施行。

《中华人民共和国无线电管理条例》(2016 年版),1993 年 9 月 11 日中华人民共和国国务院、中华人民共和国中央军事委员会令第 128 号发布,2016 年 11 月 11 日中华人民共和国国务院、中华人民共和国中央军事委员会令第 672 号修订,自 2016 年 12 月 1 日起施行。

2. 民航和安监等部门规章及相关文件

《海洋石油安全管理细则》,2009 年 9 月 7 日国家安全监管总局令第 25 号公布,自 2009 年 12 月 1 日起施行;根据 2013 年 8 月 29 日国家安全监管总局令第 63 号第一次修正,根据 2015 年 5 月 26 日国家安全监管总局令第 78 号第二次修正。

《海洋石油安全生产规定》,2006 年 2 月 7 日国家安全监管总局令第 4 号公布,自 2006 年 5 月 1 日起施行;根据 2013 年 8 月 29 日国家安全监管总局令第 63 号第一次修正,根据 2015 年 5 月 26 日国家安全监管总局令第 78 号第二次修正。

《民用航空安全检查规则》(CCAR-339),中华人民共和国交通运输部令 2016 年第 76 号,2016 年 10 月 28 日公布,自 2017 年 1 月 1 日起施行。

《民用航空危险品运输管理规定》(CCAR-276-R1),中华人民共和国交通运输部令 2016 年第 42 号,2016 年 4 月 13 日公布,自 2016 年 5 月 14 日起施行。

《小型航空器商业运输运营人运行合格审定规则》(CCAR-135),中国民用航空总局令第 151 号,2005 年 8 月 31 日发布,2018 年 11 月 9 日中华人民共和国交通运输部令第 39 号修订,2018 年 11 月 16 日公布,自 2019 年 1 月 1 日起施行。

《一般运行和飞行规则》(CCAR-91),中华人民共和国交通运输部令2018年第40号文修订,2018年11月16日公布,自2019年1月1日起施行。

《直升机安全运行指南》(AC-91-FS-2014-22),中国民用航空局飞行标准司咨询通告,2014年10月9日发布,自下发之日起生效。

《中国民用航空气象工作规则》(CCAR-117-R2),中国民用航空局令第217号,2013年7月16日公布,自2014年1月1日起施行。

《中国民用航空无线电管理规定》(CCAR-118TM),中国民用航空局令第7号,1990年5月26日公布,自发布之日起施行。

《中国民用航空应急管理规定》(CCAR-397),中国民用航空局令第196号,2016年3月17日发布,自2016年4月17日起施行。

3. 国家、行业或企业标准

《通用航空机场设备设施》(GB/T 17836—1999),国家质量技术监督局,1999年9月1日发布,2000年5月1日实施。

《海洋平台用直升机甲板设计要求》(GB/T 37307—2019),国家市场监督管理总局、中国国家标准化管理委员会发布,2019年3月25日发布,2019年10月1日实施。

《民用直升机场飞行场地技术标准》(MH 5013—2014),中国民用航空局,2014年6月6日发布,2014年8月1日施行。

《海洋石油直升机安全检查规范》(Q/HS 4014—2018),中国海洋石油集团有限公司企业标准,2018年12月29日发布,2019年4月1日实施。

《海洋石油直升机甲板起降安全规范》(Q/HS 4023—2018),中国海洋石油集团有限公司企业标准,2018年12月29日发布,2019年4月1日实施。